战略性新兴领域"十四五"高等教育系列教材

智能集成制造系统

主　编　王军利　白海清

副主编　刘　强　米大山　朱永超

参　编　何雅娟　李梓荣　张　峰　赵飞飞　周　杨

　　　　王康杰　王佳欢　张　升　张　浩　张怀怀

　　　　孔　炜　王龙达　权文勇

机械工业出版社

本书为"教育部战略性新兴领域'十四五'高等教育教材体系建设计划"中高端装备制造领域方向的系列教材之一。本书旨在帮助学生学习和理解智能集成制造系统的基本知识，培养学生运用智能制造及其集成管理技术解决制造业内实际问题的能力。

本书内容包括绪论、智能集成制造技术基础、智能集成制造系统的建模与优化、智能制造系统的集成、智能集成装备设计与运维和智能集成制造工厂管理。

本书可供高等院校智能制造相关专业的学生使用，推荐学时为 32～48 学时，也可供相关行业的工程技术人员参考使用。

图书在版编目（CIP）数据

智能集成制造系统 / 王军利，白海清主编. -- 北京：机械工业出版社，2024. 9. --（战略性新兴领域"十四五"高等教育系列教材）. -- ISBN 978-7-111-76884-5

Ⅰ. TH166

中国国家版本馆 CIP 数据核字第 2024JL3360 号

机械工业出版社（北京市百万庄大街 22 号　邮政编码 100037）

策划编辑：余　皞　　　　　　责任编辑：余　皞
责任校对：李小宝　陈　越　　封面设计：严娅萍
责任印制：邓　博

北京盛通印刷股份有限公司印刷

2024 年 12 月第 1 版第 1 次印刷

184mm×260mm · 11.5 印张 · 253 千字

标准书号：ISBN 978-7-111-76884-5

定价：39.80 元

电话服务　　　　　　　　　　网络服务
客服电话：010-88361066　　机　工　官　网：www.cmpbook.com
　　　　　010-88379833　　机　工　官　博：weibo.com/cmp1952
　　　　　010-68326294　　金　书　网：www.golden-book.com
封底无防伪标均为盗版　机工教育服务网：www.cmpedu.com

前　言

智能制造是制造强国建设的主攻方向，其发展程度直接关乎我国制造业的质量水平。发展智能制造对于巩固实体经济根基、建成现代产业体系和实现新型工业化具有重要作用。站在新一轮科技革命和产业变革与我国加快高质量发展的历史性交汇点，智能制造正在推动产业技术变革和优化升级，推动制造业的产业模式和企业形态发生根本性转变。为加快智能制造发展，加强高等院校战略性新兴领域卓越工程师的培养，教育部于 2023 年 11 月启动了战略性新兴领域"十四五"高等教育教材体系建设计划，本书是该计划中高端装备制造领域方向的系列教材之一。

本书适用于应用型本科院校智能制造相关专业，旨在满足行业对专业工程技术人才的培养要求。在内容编排上，本书紧贴行业企业的实际需求和产业发展趋势，强调理论知识的基础性，通过系统、深入的讲解，使学生掌握智能集成制造系统的核心概念和基本原理。本书还通过引入典型工程案例，引导学生运用所学知识分析、思考和解决实际问题，培养学生的创新思维和解决工程问题的能力。

本书具有以下特点：

1）结合行业的最新技术、工艺、规范以及研究成果，强调了理论知识与实际应用的结合，实现了教学内容与企业标准、生产流程和研发项目的紧密对接，以满足产业发展中的新需求和变化。

2）全方位涵盖了智能制造全生命周期的关键技术，以智能制造技术为基本手段，从智能制造装备的设计到智能制造系统的建模、优化和集成，最后涉及智能制造系统的运营及管理，可以帮助学生培养全局化的思维能力和全方位系统性掌握智能集成制造系统，提高他们解决实际问题的能力。

3）遵循教学和认知规律，内容由基础到深入，逐步推进，逻辑性强，配合图文说明，重点阐释了实际问题的研究方法、技术手段、实施方案和结果分析，具有较强的启发性和可读性，便于学生自主学习。

4）包含了丰富多样的学习资源和实践案例，包括产品设计、仿真验证、生产规划、设备管理、远程监控以及设备维护等企业案例，帮助学生深化对知识的理解，拓宽视野，同时可提升学生的实践能力和职业素养，为未来的职业发展做好充分准备。

本书由王军利、白海清主编。各章的具体分工如下：第 1 章由王军利、张怀怀、孔炜编写，第 2 章由朱永超、张峰、周杨编写，第 3 章由米大山、李梓荣、赵飞飞编写，第 4 章由白海清、王军利、张浩编写，第 5 章由刘强、王龙达、权文勇编写，第 6 章由何雅娟、白海清、张升、王佳欢、王康杰编写。

由于编者水平有限，书中难免有不妥之处，敬请读者批评指正。

编　者

目 录

知识图谱

教学大纲

绪论

PPT 课件

课程视频

随着人工智能、工业互联网、云计算、大数据及边缘计算等新信息技术、新制造科学技术及融合技术的发展，制造业生产方式发生了根本性变革。

1. 技术进步的推动

随着计算机技术、网络技术和传感技术的发展，制造业开始借助先进的信息技术，实现生产过程的实时监控和控制，提高生产效率和产品质量。

2. 市场需求的变化

全球市场竞争的加剧和消费者需求的多样化，要求制造业必须缩短产品研发周期，降低生产成本，提高产品质量，满足个性化的市场需求。

3. 劳动力成本的上升

随着经济的发展，劳动力成本不断上升，特别是在发达国家和地区，因此制造业需要先进的生产方式来替代或辅助人工完成烦琐、危险和重复性的工作，从而降低劳动力成本。

4. 绿色制造的挑战

如今，环境保护和可持续发展已成为全球共识，制造业需要减少生产过程中的资源消耗和环境污染，通过优化生产流程和资源配置，实现能源和材料的节约，减少废弃物的产生。

5. 智能制造的引领

智能制造是制造业发展的趋势，它将生产过程中的各个环节进行集成和优化，实现制造资源的智能化配置，推动制造业向更加智能化、网络化和个性化的方向发展。

智能集成制造系统（Intelligent Integrated Manufacturing Systems，IIMS）的出现是制造业应对技术进步、市场需求变化、劳动力成本上升、绿色制造挑战和智能制造引领的结果。随着相关技术的不断发展和应用，智能集成制造系统将在未来的制造业中发挥越来越重要的作用。

1.1 智能集成制造

1.1.1 智能集成制造系统的内涵

智能集成制造系统是一种融合了现代信息技术的前沿制造体系，其结构框架如图1-1所

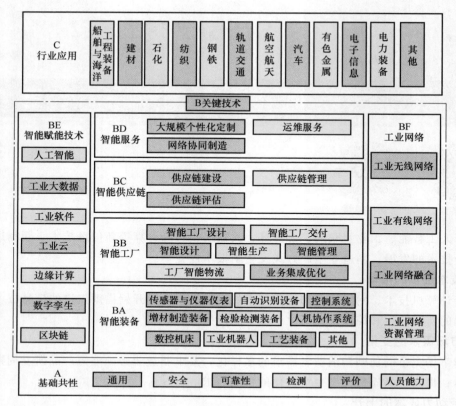

图 1-1　智能集成制造系统结构框架

示。该系统基于工业互联网和智能制造云平台，整合了智能产品、智能生产流程和智能服务等多个功能子系统，符合人-信息-物理系统（HCPS）在智能制造领域的发展趋势，同时更加突出了人在制造过程中的核心地位。

通过对这些关键要素的集成与协同作业，智能集成制造系统实现了生产的全自动化、智能化和网络化，极大地提升了生产效率，降低了生产成本，满足了市场对个性化产品的需求，并促进了制造业的可持续发展。

智能集成制造系统覆盖了产品全生命周期中的各个环节，包括但不限于人、技术、设备、管理、数据、材料和资金等制造要素，形成了一个高度集成的制造要素链。同时，它还涉及了人流、技术流、管理流、数据流、物流和资金流等多维度的价值链，确保了生产过程的高效和流畅。

为了支撑自身的发展，智能集成制造系统还融合了多种赋能技术，如新一代人工智能技术、工业互联网、云计算、大数据和边缘计算等。此外，它还结合了新兴的信息技术和先进的制造科学技术，如物联网、机器学习、数字孪生和增材制造等，为制造业带来了革命性的变革和提升。

通过这些技术的整合和应用，智能集成制造系统不仅能够提高生产效率和产品质量，还能够实现资源的优化配置和利用，降低能耗和废弃物产生，响应环境保护的全球性要求。同时，它还能够快速响应市场变化，提供定制化和个性化的产品与服务，满足消费者的多样化需求，推动制造业向更智能、更绿色、更高效的方向发展。

智能集成制造系统的内涵主要有以下 6 个方面。

1. 信息化

通过计算机技术、网络技术和数据库技术，智能集成制造系统可以实现生产过程中数据信息的快速传递、处理和存储，提高信息的透明度和可用性。

2. 自动化

利用机器人、自动化设备和其他先进技术，智能集成制造系统可以减少人工干预，实现生产过程的自动化和智能化。

3. 集成化

智能集成制造系统可以将生产过程中的设计、生产和管理等多个环节进行整合，实现资源和信息的共享，提高生产过程的协同性和效率。

4. 智能化

借助人工智能、机器学习等技术，智能集成制造系统可以使生产系统具有自我学习、自我优化和自我适应的能力，提高生产过程的灵活性和智能水平。

5. 个性化

智能集成制造系统可以根据客户需求和市场变化，实现产品的个性化定制和快速响应，提高产品的竞争力和市场的适应性。

6. 绿色化

通过优化生产流程和资源配置，智能集成制造系统可以实现能源和材料的节约，减少废弃物的产生，满足环保和可持续发展的要求。

智能集成制造系统是一种集成了信息技术、自动化技术和人工智能技术等先进技术的先进制造模式，它通过优化和整合生产过程中的各个环节，实现了生产的高度自动化、智能化和网络化，从而提高生产效率，降低成本，满足个性化需求，实现可持续发展。

1.1.2　智能集成制造的应用

智能集成制造系统在航空航天制造、汽车制造、电子设备制造、医疗器械制造及工业机器人行业有着广泛的应用。

1. 航空航天制造领域

在航空航天制造领域，智能集成制造系统主要应用于飞机、人造卫星和火箭等航空/航天器的结构件、零件生产和装配过程中，如图 1-2 所示。当前，航空航天制造企业普遍采用三维建模、虚拟装配和增材制造（Additive Manufacturing，AM，俗称 3D 打印）等技术来提高生产效率，降低成本，缩短研发周期。此外，借助大数据、云计算和人工智能等技术，航空航天制造企业可以实现生产过程的实时监控、预测维护和优化调度。未来，随着物联网技术和机器人技术的发展，航空航天制造领域的智能化程度将进一步提高。

图 1-2　航空航天制造

2. 汽车制造领域

在汽车制造领域，智能集成制造系统主要应用于车身、动力总成、底盘和电子电器等部件的生产过程，如图 1-3 所示。目前，汽车制造商正在广泛采用自动化机器人进行焊接、涂装和装配等工序，以提高生产效率和产品质量。同时，借助物联网和大数据等技术，汽车制造商可以实现生产数据的实时监控、分析和优化，从而降低能耗，减少排放，提高资源利用率。未来，随着电动汽车和自动驾驶技术的发展，汽车制造领域的智能化水平将不断提升。

图 1-3　汽车制造

3. 电子设备制造领域

在电子设备制造领域，智能集成制造系统主要应用于芯片、电路板和显示屏等关键部件的生产过程，如图 1-4 所示。目前，电子设备制造商正在采用先进的光刻、蚀刻和沉积等技术提高产品性能和降低成本。同时，借助人工智能和大数据等技术，电子设备制造商可以实现生产过程的智能调度、故障预测和质量控制。未来，随着 5G、物联网和人工智能等技术的发展，电子设备制造领域的智能化程度将进一步提高。

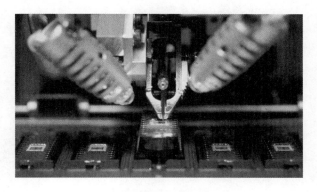

图 1-4　电子设备制造

4. 医疗器械制造领域

在医疗器械制造领域，智能集成制造系统主要应用于高性能影像设备、体外诊断设备和植/介入器械等产品的生产过程，如图 1-5 所示。当前，医疗器械制造商正在采用精密加工和自动化装配等技术提高产品质量和降低成本。此外，借助大数据和人工智能等技术，医疗器械制造商可以实现产品研发、生产和销售等环节的智能化管理。未来，随着精准医疗和人工智能等技术的发展，医疗器械制造领域的智能化水平将不断提升。

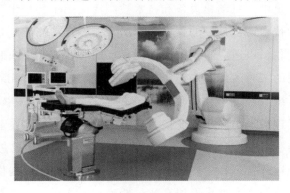

图 1-5　医疗器械制造

5. 工业机器人行业

在工业机器人行业中，智能集成制造系统主要用于焊接、涂装、装配和搬运等自动化生产线环节，如图 1-6 所示。目前，工业机器人制造商正在采用感知、决策和执行等技术提高工业机器人的智能化水平。同时，借助物联网和大数据等技术，工业机器人制造商可以实现工业机器人的远程监控、故障诊断和智能调度。未来，随着人工智能和机器人技术的发展，工业机器人行业领域的智能化程度将进一步提高。

智能集成制造系统在各应用领域均取得了显著的成果，未来随着相关技术的发展，其在航空航天制造、汽车制造、电子设备制造、医疗器械制造及工业机器人行业的应用前景十分广阔。

图 1-6　工业机器人

1.1.3　智能集成制造的特征

1. 高度自动化

高度自动化主要体现在系统能够依赖先进的自动化设备和技术，实现生产流程的自动化控制与管理。高度自动化不仅大幅提高了生产效率，减少了人为操作的错误率，而且能够确保产品质量的一致性和稳定性。

在智能集成制造系统中，自动化设备和技术被广泛应用于各个生产环节，如加工、装配和检测等。这些设备和技术通过预设的程序和算法，能够自动完成复杂的生产任务，并在必要时进行自我调整和优化，以适应生产需求的变化。同时，智能集成制造系统还可以借助物联网技术实现设备之间的实时通信和协作，使得整个生产过程能够无缝衔接，协同工作。

此外，制造执行系统（MES）在高度自动化的实现过程中也发挥着重要作用。MES作为连接企业上层计划管理系统与底层工业控制系统的桥梁，能够将企业的生产计划和工艺参数等信息实时地传递给生产设备，并指导生产设备按照预定的要求进行生产。同时，MES还能够收集生产设备的运行状态和生产数据等信息，为企业的决策提供数据支持。

高度自动化使得企业的生产过程更加高效、精确和智能化，为企业带来了显著的经济效益和竞争优势。

2. 灵活性

智能集成制造系统的灵活性主要体现在以下几个方面：

（1）生产流程的灵活性

智能集成制造系统能够根据不同的产品需求和市场变化，快速调整和优化生产流程。通过灵活的工艺配置和生产组织，系统可以适应多品种、小批量的生产需求，从而满足快速变化的市场要求。

（2）设备配置的灵活性

智能集成制造系统中的设备具有高度的可配置性和可扩展性。这意味着企业可以根据生产需求的变化，灵活地增加或减少设备数量，调整设备配置，满足不同生产阶段和生产任务的需求。

（3）资源管理的灵活性

智能集成制造系统采用先进的信息技术和数据管理技术，能够实现对生产资源的高效管理。通过对物料、设备和人力等资源的实时监控和调度，系统能够确保资源的合理利用，提高生产效率，降低成本。

（4）适应新技术的灵活性

随着技术的不断发展，新的制造工艺、设备和材料不断涌现。智能集成制造系统具备良好的适应性，能够迅速集成和应用新技术，提高生产水平和产品质量。

3. 实时监测与优化

实时监测是指系统能够实时收集和分析生产过程中的各种数据，如设备运行状态、原材料消耗情况和生产进度等，以便及时了解生产现场的状态。优化则是在实时监测的基础上，通过分析生产数据，找出生产过程中的瓶颈和问题，并提供相应的优化方案，以提高生产效率，降低成本，改善产品质量。

实时监测与优化对于提高生产效率、降低成本和改善产品质量等方面具有重要作用。例如，通过实时监测生产设备的运行情况和原材料的使用情况，可以及时发现潜在的问题，并采取相应的措施进行调整，以确保生产过程的顺利进行。此外，通过对生产数据的分析和处理，可以找出生产过程中存在的瓶颈和问题，并提供相应的优化方案，从而提高生产效率和产品质量，降低成本。

为了实现实时监测与优化，智能集成制造系统通常会采用一系列的技术和方法。例如，利用物联网技术，可以将各个设备连接起来，实现数据的实时传输和共享。此外，还需要通过统一的接口和协议，实现不同设备之间的互联互通。同时，还需要进行软件开发和定制，以实现全面的系统集成。

4. 智能协同和集成

（1）智能协同

智能协同指的是系统中的各个部分能够相互配合，共同完成任务。例如，在一个智能交通系统中，信号灯、摄像头和其他传感器需要协同工作，以保证交通的顺畅和安全。智能协同的关键在于各个部分的协调和配合，这通常需要通过先进的通信技术和算法来实现，如图 1-7 所示。

（2）集成

集成是指将不同的系统和组件组合在一起，形成一个更大的系统。在智能集成系统中，集成不仅是简单的物理组合，更重要的是各个部分的数据和功能的整合。例如，在一个智能家居系统中，温度控制器、照明系统和安全系统都需要被集成到同一个平台上，以便统一管理和控制。

智能协同和集成带来了许多优势，可提高系统的整体效率和工作质量。智能协同使得系统更加灵活，能够更好地应对各种突发情况和变化。集成使得系统的各个部分能够更好地共

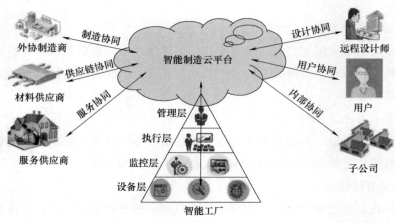

图 1-7　智能协同

享信息和资源，从而提高了整体的性能和效率。

5. 高度智能化

高度智能化体现在系统能够利用先进的信息技术、人工智能技术、大数据分析技术和机器学习技术等手段，实现制造过程的高度智能化和自主化。

（1）智能学习与适应

高度智能化的系统通常采用机器学习或深度学习等技术，使系统能够从大量的数据中提取有用的信息和知识，然后根据这些信息和知识做出预测或决策。例如，智能交通系统可以通过分析历史交通数据，预测未来的交通状况，从而为交通管理部门提供决策支持。

（2）智能决策与自我优化

高度智能化的系统应能够根据环境和需求的变化，自动调整自身的结构和行为，以达到最佳的工作状态。例如，智能家居系统可以根据用户的习惯和偏好，自动调整家中的温度、湿度和照明等环境参数，为用户创造最舒适的生活环境。智能决策与自我优化体现在系统能够自动收集、分析和处理来自生产现场的实时数据，通过智能算法和模型进行决策优化，提高生产效率和产品质量。

（3）智能协同与集成

智能集成制造系统应能够实现各个生产环节之间的智能协同，确保各个部分之间的信息畅通和高效配合。同时，智能集成制造系统还应能与企业的其他管理系统（如 ERP 和 CRM 等）进行集成，以实现信息的共享和流程的协同。

（4）智能监控与预警

智能集成制造系统应能够实时监控生产设备的运行状态和生产过程的质量情况，一旦发现异常情况，系统应能够立即进行预警和处理，以确保生产过程的稳定性和安全性。

（5）智能服务与支持

智能集成制造系统应能够为客户提供智能化的服务和支持，如智能故障诊断、远程维护和预测性维护等，以提高客户满意度和忠诚度。

1.2　智能集成制造模式

1.2.1　数字化工厂模式

数字化工厂模式是智能集成制造的一种重要模式，它通过将传统工厂中的物理设备、生产过程和信息系统进行数字化、网络化和智能化的整合，实现生产过程的高度自动化和智能化管理。在数字化工厂模式中，各种生产设备、工业机器人、传感器和工作站等物理设备通过互联网和通信技术进行连接和数据交换，从而形成一个高度智能化的生产环境。这些设备可以实时监测和采集生产过程中的各种数据，如温度、压力和速度等，并将数据传输到信息系统中进行处理和分析，如图 1-8 所示。

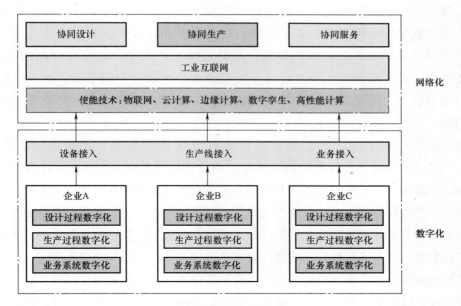

图 1-8　数字化工厂模式

数字化工厂模式的核心是信息系统的建设和应用。通过建设适应生产过程的信息系统，可以实现生产计划的制定、物料的采购和供应、生产过程的监控和控制、质量管理、设备维护等。这些信息系统可以通过数据分析和算法模型，实现生产过程的智能决策和优化，提高生产效率和生产质量。数字化工厂模式还涉及虚拟仿真技术的应用。通过建立生产过程的虚拟模型，可以进行生产过程的仿真和优化，提前发现和解决潜在的问题，减少生产过程中的风险和成本。数字化工厂模式的优势包括：

1）生产过程的高度自动化：通过数字化和网络化的设备和系统，实现生产过程的自动化控制和监控，减少人工干预，提高生产效率和稳定性。

2）实时数据监测和分析：通过传感器和信息系统，实时监测和采集生产过程中的各种数据，并进行数据分析和挖掘，提供实时的生产状态和预警信息，帮助企业及时调整生产计划和资源配置。

3）生产过程的优化和智能决策：通过数据分析和算法模型，对生产过程进行优化和智能决策，可以提高生产效率，降低成本和能源消耗。

4）灵活生产和定制化生产：数字化工厂模式可以实现生产过程的灵活调度和定制化生产，即根据市场需求和客户要求快速调整生产计划和生产线配置。

数字化工厂模式是智能集成制造的一种先进模式，它通过数字化、网络化和智能化的手段，实现生产过程的高度自动化、智能化和灵活化，提高生产效率、生产质量和生产灵活性，为企业实现可持续发展提供了重要支持。

1. 工艺规划

在当今快速发展的工业领域中，数字化工厂模式正逐渐成为企业提高生产效率和生产质量的关键。其中，工艺规划作为数字化工厂模式的重要组成部分，扮演着优化生产流程、提高生产效率的关键角色。工艺规划的首要任务是设计和优化生产工艺流程。通过科学的方法和技术手段，工程师们根据产品特性和生产需求，设计出合理的工艺流程，包括工序顺序、设备配置和生产参数等。工艺设计是生产过程的基石，而工艺优化则在工艺设计的基础上，通过模拟、仿真和数据分析等手段，不断提高生产效率，降低成本和资源消耗。

在数字化工厂模式中，工艺规划软件发挥着重要的作用。计算机辅助工艺规划（CAPP）系统等专业软件，可以帮助工程师们快速设计工艺流程，并进行仿真和优化。这些软件的应用提高了工艺规划的效率和精度，为生产流程的优化提供了有力支持。另一个重要的方面是工艺数据管理，大量的工艺数据，包括工艺参数、工艺流程和设备信息等，需要进行统一管理和共享。在数字化工厂模式下，这些数据通常存储在信息系统中，通过数据库管理和信息集成，实现工艺数据的有效管理和利用。

工艺规划还涉及工艺仿真与验证。工程师们可以利用工艺仿真技术对设计的工艺流程进行模拟和验证，以评估生产效率、产品质量和资源利用情况。通过仿真，可以提前发现潜在问题，降低生产风险和成本。灵活性与定制化是数字化工厂模式下工艺规划的另一个特点。企业可以根据市场需求和客户要求，灵活调整工艺流程，实现灵活生产和定制化生产，从而提高市场竞争力。

2. 物料追踪

物料追踪是供应链管理中的重要一环。通过物料追踪系统，企业可以实现对物料流动的实时监控和管理，提高生产效率，降低成本，并确保产品质量和安全。物料追踪系统的核心是利用先进的信息技术手段，如物联网、射频识别（RFID）和条形码等，实现对物料在生产过程中的实时追踪和监控。这种系统能够帮助企业精确了解物料的位置、数量、状态和流向，从而提高生产计划的准确性和响应速度，如图 1-9 所示。

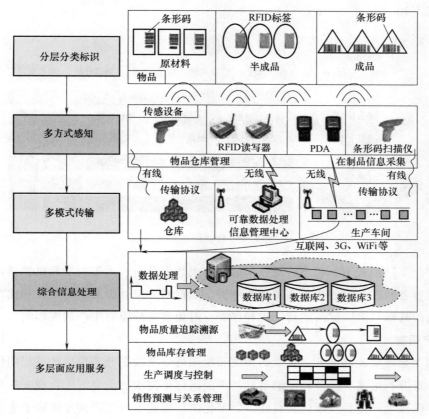

图 1-9　物料追踪

在数字化工厂模式下，物料追踪系统通常与企业的 MES 或 ERP 相集成，以实现物料信息的实时共享和数据交换。这种集成可以帮助企业实现生产过程的数字化和智能化，提高生产效率和质量。

物料追踪系统还可以帮助企业实现供应链的可视化管理。通过对物料流动的实时监控和数据分析，企业可以及时发现潜在问题，优化供应链的设计和运作，降低库存成本和减少物料浪费。物料追踪系统还能够提高产品质量，通过对物料来源、批次和质量信息的追踪，企业可以及时发现并处理质量问题，保障产品符合标准和法规要求，提升品牌声誉和客户满意度。

在数字化工厂模式中，物料追踪系统的应用不仅是生产过程优化的关键，也是企业提升竞争力和确保可持续发展的重要保障。

3. 状态检测

状态检测是一项关键技术，它通过实时监测设备和系统的运行状态，帮助企业及时发现问题，预防故障，提高生产效率和设备可靠性。状态检测技术的核心在于利用传感器、数据采集设备和智能算法，对设备的运行状态进行实时监测和分析。这种技术可以帮助企业了解设备的工作情况、健康状况和性能表现，及时发现异常情况并采取相应措施。典型的状态检测实例如图 1-10 所示。

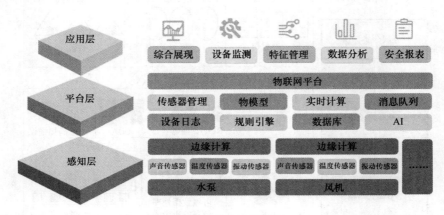

图 1-10　状态检测实例

在数字化工厂模式下，状态检测技术通常与大数据分析、人工智能和机器学习等技术相结合，实现设备状态的智能化监测和预测维护。通过对大量数据的实时分析和比对，系统可以预测设备的故障风险，提前进行维护和保养，避免设备故障对生产造成影响。

4. 生产调度

生产调度是一项关键任务，有效的调度和协调可以帮助企业实现生产过程的优化，提高生产效率和资源利用率。生产调度的目标是在满足订单需求的前提下，合理安排生产任务和资源分配，确保生产流程的顺畅和高效。数字化工厂模式下的生产调度依赖于先进的信息技术和智能算法，能够实时监测生产环境和资源状况，并根据实际情况进行动态调整和优化。在数字化工厂模式下，生产调度通常与生产计划系统、实时监控系统和供应链管理系统相集成，以实现生产过程的数字化和智能化。通过对订单需求、设备状态、人力资源和原材料库存等信息的综合分析，系统可以生成最优的生产调度方案，确保生产任务按时完成，并最大限度地利用资源，生产调度输出流程如图 1-11 所示。

生产调度的关键是合理安排生产任务和优化生产流程。通过对生产环节的优化和调整，可以减少生产中的等待时间、浪费和瓶颈，提高生产效率和产能。此外，生产调度还可以考虑设备维护和保养的需求，避免设备故障对生产造成影响，并提前规划维护计划，降低生产风险。数字化工厂模式下的生产调度还可以与人工智能和机器学习等技术相结合，实现智能化的调度决策。通过对历史数据和实时数据的分析，系统可以学习和预测生产环境的变化，提供更准确的调度建议，进一步优化生产流程和资源利用。

数字化工厂模式中的生产调度是优化生产流程和资源利用的关键环节。通过数字化技术和智能算法的支持，企业可以实现生产过程的高效调度和协调，提高生产效率，降低成本，满足客户需求。随着技术的不断发展，生产调度将在数字化工厂中发挥越来越重要的作用，助力企业实现智能化生产和可持续发展。

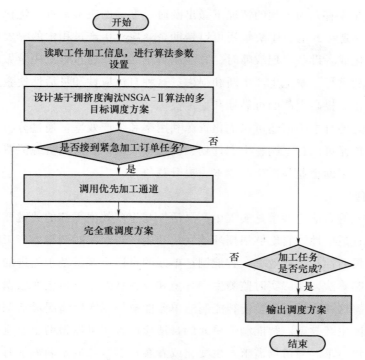

图 1-11　生产调度输出流程

1.2.2　智能制造单元模式

智能制造单元模式是数字化工厂模式中的重要组成部分,它通过将智能化技术与生产单元相结合,实现生产过程的灵活性、智能性和自适应性,为企业提供更高效的生产解决方案。

智能制造单元模式的优势在于提高生产的灵活性和适应性。传统生产线通常是固定的,难以适应产品的变化和定制化需求,而智能制造单元可以根据不同产品的生产需求进行灵活调整,实现快速转换和生产。这种灵活性可以帮助企业更好地应对市场需求的变化,提高市场竞争力。智能制造单元模式还可以提高生产的智能水平。通过智能算法和机器学习技术,智能制造单元可以学习和优化生产过程,提高生产效率和质量,减少人为干预,降低生产成本。

随着技术的不断发展和应用,智能制造单元模式将在数字化工厂中发挥越来越重要的作用,推动企业迈向智能制造的未来。

1. 自主决策

智能制造单元的自主决策是实现智能化生产的关键驱动力之一。通过赋予智能制造单元自主决策的能力,其能够根据实时数据和情境情况做出智能化决策。智能制造单元的自主决策基于先进的传感器技术、实时数据分析和智能算法,能够实时监测生产环境和设备状态,分析生产数据,预测未来趋势,为生产过程提供智能化的决策支持。这种自主决策能力使智能制造单元能够在没有人为干预的情况下做出及时、准确的决策，进而优化生产流程，提高生产效率。智能制造单元的自主决策还可以帮助企业应对生产过程中的突发情况和变化。当生产环境发生变化或者设备出现故障时，智能制造单元可以通过自主决策做出相应调整，保证生产过程的顺利进行，避免生产中断和损失。这种自适应性和灵活性使企业能够更好地适应市场需求的变化，提高生产的可靠性和稳定性。

智能制造单元的自主决策还可以优化资源利用率和生产效率。通过分析生产数据和设备状态，智能制造单元可以自主调整生产计划，优化生产流程，避免资源浪费和瓶颈，这种自主决策能力有助于帮助企业降低生产成本，提升竞争力。

2. 自适应调整

智能制造单元的自适应调整是实现生产灵活性与生产效率平衡的关键要素之一。通过赋予智能制造单元自适应性，它能够根据环境变化和生产需求实时调整生产策略和参数，从而保证生产过程的灵活性和生产效率。智能制造单元的自适应调整基于先进的传感器、实时数据分析和智能控制算法，能够实时监测生产环境和设备状态，分析生产数据，识别潜在问题并做出相应调整。这种自适应调整使智能制造单元能够根据实际情况灵活调整生产流程，优化资源利用，提高生产效率。智能制造单元的自适应调整还可以帮助企业应对市场需求的变化和产品的定制化需求。当市场需求发生变化或者客户有特殊的定制需求时，智能制造单元可以通过自适应调整来实时调整生产计划和工艺参数，快速转换生产模式，满足不同产品的生产需求。这种灵活性和快速响应能力可以帮助企业更好地适应市场变化，提高市场竞争力。

智能制造单元的自适应调整还可以优化生产过程和资源利用。通过实时监测和分析生产数据，智能制造单元可以识别生产过程中的瓶颈和问题，并做出相应调整，优化生产流程，提高资源利用率。这种自适应调整能力可以帮助企业降低生产成本，提高生产效率和质量。

3. 自动优化

智能制造单元的自动优化是实现生产效率与质量提升的关键机制之一。通过赋予智能制造单元自动优化的能力，其能够基于实时数据和智能算法自动调整生产参数和流程，实现生产过程的持续优化。智能制造单元的自动优化依托先进的传感器、实时数据分析和机器学习算法，能够实时监测生产环境和设备状态，分析生产数据，识别潜在问题并自动调整生产参数。这种自动优化能力使智能制造单元能够在不断的学习和优化中提升生产效率和质量，实现持续改进。智能制造单元的自动优化可以帮助企业实现生产过程的智能化和自动化。通过自动分析和优化生产参数和流程，智能制造单元可以实现自动化生产控制，减少人为干预，降低人力成本，提高生产一致性。这种自动优化能力可以帮助企业实现生产过程的智能化转型。

智能制造单元的自动优化还可以帮助企业实现资源优化和能源节约。通过自动优化生产参数和流程，智能制造单元可以减少资源浪费，优化能源利用，降低生产成本，提高资源利用率。这种自动优化能力可以帮助企业实现可持续生产，降低对环境的影响。

1.2.3　按需制造模式

按需制造模式作为一种新兴的生产模式，旨在实现个性化生产、灵活生产和资源优化，以满足市场需求的多样化和个性化。按需制造模式将生产过程从传统的大批量生产转变为小批量生产，甚至单件生产，实现生产过程的个性化定制和灵活调整。按需制造模式依托数字化技术和智能化系统，能够实现生产过程的个性化定制和灵活调整。通过与客户需求的直接连接，按需制造系统可以根据客户需求实时调整生产计划、生产工艺和产品设计，实现个性化生产和定制化服务。这种个性化生产模式可以提高客户满意度，增强产品竞争力。

1. 生产组织

生产组织是实现个性化生产和灵活生产的关键要素。生产组织通过协同合作和智能化管理，实现生产过程的高效运作和资源优化，以满足多样化和个性化的市场需求。生产组织的核心特征之一是协同合作，在按需制造模式中，生产组织通过与供应链各个环节的协同合作，实现生产过程的无缝连接和信息共享。通过与设计部门、供应商和分销商的紧密合作，生产组织可以快速获取客户需求和市场信息，并将其转化为实际的生产计划和生产工艺。这种协同合作能力有助于提高生产过程的灵活性和响应速度，实现个性化生产和定制化服务。生产组织的另一个重要特征是智能化管理。生产组织借助数字化技术和智能化系统，实现对生产过程的智能化管理和优化。通过实时数据采集和分析，生产组织可以监控生产状态、资源利用情况和生产效率，并基于智能算法做出相应的调整和优化。这种智能化管理能力有助于提高生产效率，降低成本，并实现生产过程的最优化。

生产组织还注重人才培养和技术支持。在按需制造模式中，生产组织需要具备一支高素质的团队，包括生产技术人员、数据分析师和供应链管理专家等。这些人才需要具备数字化技术和智能化系统的应用能力，能够灵活运用数据分析和智能算法，实现生产过程的优化和管理。此外，生产组织还需要与技术供应商和研发机构等合作，以便及时获取最新的技术支持和创新资源。

2. 智能调度

随着科技的不断进步和数字化工厂模式的兴起，按需制造模式成为制造业的一大趋势。在这一模式中，智能调度扮演着重要的角色，它是实现生产资源高效利用和生产计划灵活调整的关键机制，被视为数字化工厂模式下的新引擎。

智能调度的核心在于实时数据的分析和智能算法的应用。通过实时监控生产过程中产生的数据，智能调度系统能够快速洞察生产状况，发现潜在的问题和瓶颈。利用大数据技术和人工智能算法，智能调度能够对生产计划进行优化和调整，使得生产资源能够得到最大限度的利用，生产效率得到提升。

智能调度作为数字化工厂模式中的重要组成部分，正在为制造业带来重大的变革。它不仅提高了生产效率和资源利用率，还促进了生产过程中各个环节之间的协同合作，推动了制造业向数字化和智能化方向的发展。在未来，随着科技的不断进步和智能调度技术的不断成熟，智能调度将继续发挥重要作用，为制造业的可持续发展注入新的动力。

3. 快速改造

在现代制造业中，数字化工厂模式下的按需制造模式已经成为越来越多企业的选择。而其中的快速改造则成为了实现灵活生产的关键策略。快速改造作为数字化工厂中的一项重要举措，旨在使生产线具备快速调整和灵活生产的能力，以应对市场需求的快速变化，实现生产过程的个性化和定制化。数字化工厂模式中的快速改造不仅是一次技术上的升级，更是一次全面的转型。它涉及生产设备、生产流程和人员培训等多个方面的调整和改进。首先，企业需要对现有的生产设备进行升级和改造，引入智能化的生产设备和工业机器人技术，提高生产线的自动化程度，以实现生产过程的快速调整和灵活生产。其次，企业还需要对生产流程进行重新设计和优化，简化生产环节，缩短生产周期，提高生产效率。同时，企业还需要对员工进行培养和培训，提高员工的技能水平和适应能力，以满足数字化工厂模式下的生产要求。

在数字化工厂模式中，快速改造的核心在于实现生产过程的个性化和定制化。通过快速改造，企业能够更加灵活地响应市场需求，快速调整生产计划，提高生产效率，降低生产成本，从而在激烈的市场竞争中脱颖而出。与此同时，快速改造还能提升企业的创新能力和竞争力，推动整个制造业向数字化和智能化方向发展。

随着科技的不断进步和数字化工厂模式的不断成熟，快速改造将会成为越来越多企业的选择，为制造业的可持续发展注入新的活力。

1.2.4　智能供应链模式

在数字化工厂模式中，智能供应链模式是一种关键的生产管理模式，旨在通过数字化技术和智能算法优化整个供应链的运作，提高生产效率，降低成本，并增强供应链的灵活性和可靠性。智能供应链模式基于先进的信息技术和数据分析，实现了供应链各个环节的实时监控、数据共享和智能决策。通过整合供应商、生产商和分销商的信息系统，智能供应链模式能够优化物流、库存管理和生产计划等关键环节，实现供应链的全面协同和优化。

智能供应链模式的关键特征是预测性分析和智能决策。通过对历史数据和实时信息的分析，智能供应链模式可以预测市场需求、库存变化等情况，从而调整生产计划、库存管理和物流安排，以提高供应链的反应速度和灵活性，降低库存成本和生产成本。此外，供应链的可视化和实时监控也是重要的特征。智能供应链模式通过数据采集和信息共享，实现了供应链各个环节的可视化和实时监控，生产商可以随时了解供应链各个环节的情况，及时发现问题并做出调整，从而提高供应链的运作效率和可靠性。智能供应链模式还注重供应链伙伴关系的建立和优化。通过信息共享和合作，智能供应链模式能够加强供应商、生产商和分销商之间的合作关系，实现供应链各个环节的协同优化，提高整个供应链的效率和竞争力。

随着技术的不断进步和应用，智能供应链模式将在数字化工厂中发挥越来越重要的作用，推动企业迈向智能制造的未来。智能供应链模式如图 1-12 所示。

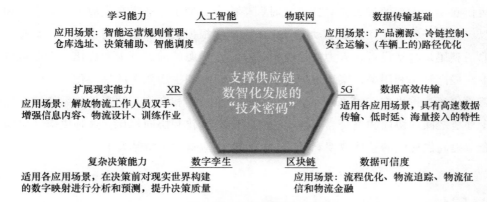

学习能力　　人工智能　　物联网　　数据传输基础
应用场景：智能运营规则管理、　　　　　　　应用场景：产品溯源、冷链控制、
仓库选址、决策辅助、智能调度　　　　　　　安全运输、(车辆上的)路径优化

支撑供应链
数智化发展的
"技术密码"

扩展现实能力　　XR　　5G　　数据高效传输
应用场景：解放物流工作人员双手、　　　　　适用各应用场景，具有高速数据
增强信息内容、物流设计、训练作业　　　　　传输、低时延、海量接入的特性

复杂决策能力　　数字孪生　　区块链　　数据可信度
适用各应用场景，在决策前对现实世界构建　　应用场景：流程优化、物流追踪、物流征
的数字映射进行分析和预测，提升决策质量　　信和物流金融

图 1-12　智能供应链模式

1. 智能化调度

智能供应链模式的智能化调度是一项关键策略，旨在通过智能算法和数据分析优化生产计划、资源利用和物流安排，以便提高生产效率，降低成本，并增强供应链的灵活性和响应速度。智能化调度依托先进的算法和实时数据分析，能够实现生产计划的智能优化和资源的有效利用。通过对生产任务、设备状态和人力资源等信息的实时监控和分析，智能化调度系统可以自动调整生产计划，分配资源，以实现生产过程的最优化。智能化调度的关键功能是实时调度和动态优化。通过不断监控生产环境和资源状态，智能化调度系统可以实时调整生产计划和资源分配，以应对突发情况。这种实时调度能力可以帮助企业提高生产响应速度，降低生产延迟，提升客户满意度。智能化调度的另一个重要功能是实现资源协同和优化。智能化调度系统能够实现不同资源之间的协同和优化配置，包括设备、人力和原材料等资源的合理分配和利用。通过资源的协同优化，企业可以降低生产成本，提高资源利用率，实现生产过程的高效运作。智能化调度还注重生产计划的智能优化和排程。通过对生产任务、生产能力和交货期等因素的综合考虑，智能化调度系统可以生成最优的生产计划和排程方案，以实现生产过程的高效运作和生产效率的最大化。

随着技术的不断进步和应用，智能化调度将在数字化工厂中发挥越来越重要的作用，推动企业迈向智能制造的未来。

2. 动态优化

智能供应链模式的动态优化是一项关键策略，旨在通过实时数据分析和智能算法对供应链的运作进行动态调整和优化，以提高生产效率，降低成本，并增强供应链的灵活性和应变能力。动态优化依托先进的数据分析技术和智能算法，能够实时监控供应链各个环节的情况，并根据实时数据进行调整和优化。通过对市场需求、库存情况和生产计划等信息的实时监控和分析，动态优化系统可以快速做出决策并调整供应链的运作，以实现最优化的生产效率和资源利用。

动态优化的关键特征是实时调整和灵活应对。面对市场需求变化、供应链中断等突发情况，动态优化系统能够快速做出反应，调整生产计划、库存管理和物流安排，以确保供应链的顺畅运作和生产效率的最大化。这种实时调整能力有助于企业提高供应链的灵活性和应变能力，以应对市场的变化和挑战。动态优化系统能够根据实时数据和需求情况，动态分配和优化资源的利用，包括设备、人力和原材料等。通过资源的动态分配和优化，企业可以降低生产成本，提高资源利用率，实现生产过程的高效运作和生产效率的最大化。

动态优化还注重供应链的协同和整合。通过信息共享和合作，动态优化系统能够加强供应链各个环节之间的协同和整合，实现供应链的全面优化和协同运作。这种供应链协同能力有助于企业提高供应链的整体效率和竞争力，实现供应链的可持续发展。

1.3 智能集成制造发展与展望

智能集成制造，作为制造业的一个前沿领域，近年来发展迅速，并在全球范围内受到广泛关注。

1.3.1 发展历程

智能集成制造的发展可以追溯到自动化和数字化技术的兴起。随着计算机技术的不断发展和应用，自动化生产线和数字化设计工具逐渐成为制造业的标配。在此基础上，智能制造系统通过引入人工智能、物联网和大数据等先进技术，实现了生产过程的智能化、自动化和集成化。智能集成制造的发展可分为 3 个阶段。

1. 自动化阶段

此阶段通过引入自动化设备和机器人，实现了生产过程的自动化和标准化。

2. 数字化阶段

此阶段利用数字化设计工具和仿真技术，提高了产品设计的效率和质量，实现了生产数据的数字化管理。

3. 智能化阶段

此阶段在自动化和数字化的基础上，通过引入人工智能和物联网等技术，实现了生产过程的智能化决策、自适应调整和优化。

1.3.2 发展展望

未来智能集成制造将继续保持快速发展的态势，并呈现出以下趋势。

1. 技术融合与创新

随着物联网、云计算、大数据和人工智能等技术的不断发展，智能集成制造将实现更高效的数据共享和协同，推动技术融合与创新。

2. 个性化定制与柔性生产

随着消费者需求的多样化和个性化，智能集成制造将更加注重产品的个性化定制和柔性生产，实现生产过程的快速响应和灵活调整。

3. 可持续发展与绿色制造

在环保和可持续发展的背景下，智能集成制造将更加注重资源的节约和环境的保护，推动绿色制造和可持续发展。

4. 跨界融合与协同创新

智能集成制造将打破传统制造业的界限，与信息技术、生物技术和新材料技术等领域实现跨界融合与协同创新，推动制造业的转型升级。

思 考 题

1. 什么是智能集成制造系统？智能集成制造系统在你了解的领域有哪些应用？
2. 简述智能集成制造系统的特征，高度智能化包括哪几个方面？
3. 智能集成制造有哪些模式？简述各模式的特点。
4. 什么是智能制造单元？和传统的制造模式相比，智能制造单元有哪些优势？
5. 什么是智能供应链模式？分析实现该模式需要哪些技术支持。

科学家科学史

"两弹一星"功勋科学家：最长的一天

第 2 章

智能集成制造技术基础

 PPT 课件　 课程视频

智能集成制造技术（Intelligent Integrated Manufacturing Technology）是现代制造业的核心，该技术融合了现代制造、人工智能和计算机科学等学科，致力于提高生产效率，降低成本，优化制造流程。该技术主要通过计算机模拟制造专家的智能活动，如分析、判断、推理、构思和决策，并将这些智能活动与智能机器有机结合，并贯穿于制造企业的各个子系统，实现企业经营运作的高度柔性化和集成化，以适应不同的场景需求。同时，该技术对于推动制造业的转型升级和创新发展也起到了关键作用，为经济发展注入了新的活力。智能集成制造技术主要包括系统集成、智能感知、虚拟现实、人机交互、云计算和物联网等技术。综合应用这些技术，能够更好地实现生产过程的自动化和智能化，提高生产效率、产品质量和企业的市场竞争力。

2.1 系统集成技术

系统集成（System Integration）是指将不同的软件、硬件和通信技术有效地组合起来，为用户解决复杂信息处理问题的过程。在这个过程中，原本独立的各个子系统被有机地融合，以实现整体效益最大化的目标。该技术作为一种跨领域的综合性技术，结合了信息化、人工智能和自动化等多个领域的最新进展，旨在推动制造过程的智能化和高效化。其主要目标在于提升制造效率，削减生产成本，优化资源配置，并使制造流程更加灵活多变，满足不同客户的定制化需求。

系统集成技术主要包括模块化设计、接口标准化、信息集成、测试验证及集成管理。通过综合运用这些技术，智能集成制造系统能够实现对制造过程的全面优化和控制，为企业创造更大的价值。同时，随着技术的不断进步和应用领域的不断拓展，系统集成技术将在未来发挥更加重要的作用，推动制造业的转型升级和创新发展。

2.1.1　模块化设计

模块化设计（Modular Design）是指在对一定范围内的不同功能（或相同功能但不同性能）、不同规格的产品进行功能分析的基础上，划分并设计出一系列功能模块，通过模块的选择和组合可以构成不同的产品，以满足市场的不同需求的设计方法。模块化设计技术是一种创新的制造技术，它主要将智能技术与集成制造技术融合，旨在实现更为高效、灵活且可靠的制造流程。在此种设计理念下，产品被巧妙地分解为若干个独立的模块，每个模块均可独立设计与制造，并最终通过集成形成一个功能完备的产品。

模块化设计有两大原则：一是力求以少量的模块组成尽可能多的产品，并在满足要求的基础上使产品精度高、性能稳定、结构简单且成本低廉，模块间的联系也要尽可能简单；二是模块要系列化，其目的在于用有限的产品品种和规格来最大限度又经济合理地满足用户的要求。由于模块化设计的灵活性、高效性、可维护性与可持续性等优点，其应用领域涵盖了汽车、电子、航空航天等。通过结合智能技术和集成制造技术，模块化设计可进一步简化生产流程，降低生产成本，是企业提升竞争力与转型升级的重要力量。英国艾拉力斯（Aeralis）公司在飞机设计过程中引入了模块化设计，使得机翼、发动机甚至许多机舱组件都可以按功能不同而改变，以适应不同的使用需求，如图 2-1 所示。

图 2-1　英国 Aeralis 公司的模块化设计飞机

2.1.2　接口标准化

接口标准化技术是经过深入研究和广泛实践验证后，为了满足制造企业的实际需求，关注不同系统间数据交互和通信的规范和方式，以确保系统间能够正确、高效地进行信息交流的技术，主要包括数据格式、传输协议和参数要求等方面的规范。该技术在智能集成制造系统中扮演着重要的角色，其核心目的是解决不同系统之间的兼容性问题，从而提高生产效率。通过制定和实施统一的接口标准，各种设备和软件之间可以实现顺畅的数据交换和共享，有效避免在设备软件交互过程中出现的信息传递障碍的问题。

接口标准化的实施可为信息交流带来诸多好处。首先，该技术可显著提高生产效率，减少人工干预和潜在的错误。其次，该技术降低了企业的技术门槛，使得新技术和新产品的引进变得更加容易。此外，接口标准化还可以促进企业之间的合作与交流，推动整个制造业的技术进步。

接口标准化是实现智能制造的重要基础之一。通过接口标准化，不同系统之间可以实现无缝对接和高效协作，为制造业的发展注入新的动力和活力。在未来，随着技术的不断进步和市场的不断变化，接口标准化将继续发挥重要作用，推动智能集成制造系统向更高水平发展。

2.1.3 信息集成

信息集成是指系统中各子系统和用户的信息采用统一的标准、规范和编码，实现全系统信息共享，进而实现相关用户软件间的交互和有序工作。标准化是信息集成的基础，主要包含通信协议标准化（如 MAP/TOP，制造自动化协议/技术办公室协议），产品数据标准化（如 STEP，产品模型数据交换标准），以及调节网络标准化，电子文档标准化，交互图形标准化等。

信息集成在智能集成制造系统中发挥着重要的作用，它不仅是实现全流程智能化管理的关键，更是提升生产效率，降低成本，提高产品质量以及增强企业市场竞争力的有力工具。信息集成涉及多个方面的内容，从生产计划与调度到生产执行与控制，再到质量检测与管理，以及供应链管理和销售管理与服务，每个环节都紧密相连，形成一个完整的信息闭环。

在生产计划与调度方面，通过高级计划与调度软件，企业能够实现对生产计划的精确优化，以提高设备利用率和生产效率。同时，根据实时生产数据的反馈，企业能够灵活调整生产计划，确保生产过程的顺利进行。在生产执行与控制方面，自动化设备和传感器的应用使得企业能够实时监测生产过程中的各种参数，确保产品质量和生产安全。此外，通过对生产数据的深度分析和挖掘，企业能够发现生产过程中潜在的问题和改进点，进而实现生产过程的持续优化。

在质量检测与管理方面。信息集成可借助先进的检测设备和软件，让企业能够对产品质量进行全面、准确的检测和评估。同时，通过对质量数据的分析，企业能够找到影响产品质量的关键因素，从而有针对性地提升产品质量和客户满意度。此外，信息集成在供应链管理方面能够实现与供应商的高效协同和信息共享，确保原材料和零部件的快速供应。

为了实现信息集成，企业需要建立完善的信息系统和技术平台，确保各环节之间的信息能够实时、准确地传递和共享。此外，培养一支具备高素质和技术能力的人才队伍也至关重要，这些人才需要掌握先进的技术和管理知识，能够熟练运用信息系统和技术平台，为智能集成制造的发展提供有力的人才保障。实现各环节之间的信息共享和协同工作，可为企业提供强大的竞争优势和持续发展的动力。某信息集成实例如图 2-2 所示。

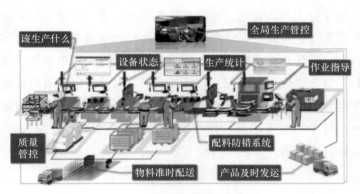

图 2-2 某信息集成实例

2.1.4 测试与验证

测试与验证在智能制造中扮演着重要的角色，其主要包括以下内容：测试环境搭建、功能测试、性能测试、安全性测试、集成测试与验证评估。

首先，测试与验证是确保产品质量的关键环节。通过对智能制造系统中的各个环节进行测试，可以及时发现并修复潜在的问题和缺陷，从而确保产品的稳定性和可靠性。这包括了对硬件设备、软件程序和数据传输等各个方面的测试，确保它们在实际运行中能够满足预期的性能和功能要求。其次，测试与验证有助于提升智能制造系统的效率和性能。通过对系统进行优化和调试，系统可以在运行过程中更加高效、稳定，并且可以降低故障率和维护成本。同时，通过验证测试结果，还可以对系统进行改进和升级，以便进一步提升其性能和功能。此外，测试与验证还是保证智能制造系统安全性的重要手段。通过对系统进行安全漏洞测试和风险评估，可以及时发现并修复潜在的安全隐患，防止黑客攻击和数据泄露等安全问题的发生。这对于保护企业的核心机密和客户的隐私信息具有重要意义。最后，测试与验证也是智能制造产品研发过程中的必要环节。在产品研发阶段，通过测试与验证可以确保产品的设计符合实际需求，功能实现正确，从而避免因设计缺陷或功能不足导致的市场失败或用户不满。

2.1.5 集成管理

集成管理致力于通过整合各个制造过程管理子系统，实现数据交互和共享，进而达到制造过程的优化与协同。这种模式不仅促进了制造过程的自动化和智能化，而且显著减少了人工干预，提高了生产效率，降低了生产成本。

集成管理技术的实现依赖于一系列先进的技术和工具，包括大数据、智能系统和人工智能等与工业的深度融合。这些技术和工具的应用使得企业经营管理、生产制造、销售采购、服务、流程管理和协同生产等环节能够高度融合，共同构建一个高效、节能且绿色环保的智能工厂。

集成管理的优势十分明显。首先，通过实现各生产设备、信息系统和供应链管理系统之间的数据共享和互联互通，可以确保信息在各部门之间的畅通无阻，从而加强协同作业，提高生产效率。其次，这种管理模式使得企业能够从全局的视角来审视和协调生产过程，并为决策提供有力支持，进一步优化资源配置，降低成本。最后，信息透明度的提升使得企业能够更准确地掌握生产状况，及时发现和解决问题，确保产品质量的稳定和提升。

随着技术的不断进步和应用的不断深化，集成管理将在制造业中发挥越来越重要的作用，并将成为企业提升竞争力，实现可持续发展的关键所在。

2.2　智能感知技术

智能感知技术是智能集成制造中不可或缺的关键组成部分，它通过综合运用传感器、物联网和大数据等技术手段，可实现对工厂、设备和产品等各环节的实时、精准监测与数据处理。

在生产过程中，智能感知技术能够实时采集各种关键参数，如温度、压力和流量等，以及设备的工作状态和产品的质量状况，为生产决策提供丰富而准确的数据支持。通过将这些信息转化为数字信号，并基于人工智能和机器学习算法进行深度分析和模式识别，系统可以自主感知生产环境的变化，判断生产状态，并做出相应的决策调整，从而实现生产过程的智能控制和优化。

同时，智能感知技术还可以与其他先进技术深度融合，如物联网和云计算技术。通过物联网技术，智能感知系统能够实现与工厂设备和生产线的无缝连接，并实现远程监控和实时调度，以提高生产效率和响应速度。云计算技术则为智能感知系统提供了强大的数据存储和计算能力，使得系统能够处理海量数据，并进行更高级别的分析和预测。

智能感知技术的应用不仅局限于生产环节，它还可以为智能维护和智能供应链提供有力支撑。通过对设备的实时监测和数据分析，系统还可以预测设备的故障和维护需求，实现预防性维护，降低维修成本。同时，智能感知技术还可以为供应链管理提供实时、准确的数据支持，优化库存管理和物流配送，降低运营成本。

智能感知技术以其独特的优势，为智能集成制造系统的实现提供了重要的技术支持，它不仅可提高生产效率和产品质量，降低能耗和人工干预程度，还可为企业实现数字化转型和智能化升级提供强大的推动力。随着技术的不断进步和应用场景的逐步拓展，智能感知技术将在未来发挥更加重要的作用，引领制造业迈向更加智能、高效的发展道路。

2.2.1　传感器技术

传感器是一种检测设备，是人们认知世界的一种工具，也是在人类感官基础上建立的一种对认知的延伸和扩展。传感器能将检测到的信息，按一定规律转换为电信号或其他所需形式的信号输出，以满足信息的传输、处理、存储、显示、记录和控制等要求，它可以检测温度、声音、压力、位移和亮度等信息，然后将它们转换为电流或电压等信号，传感器的工作原理如图 2-3 所示，有了传感器，制造出来的设备才能实现智能化、网络化和数字化。

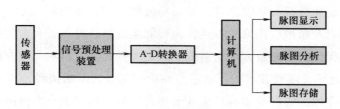

图 2-3　传感器的工作原理

传感器经历了从结构型传感器、固体型传感器到智能型传感器 3 个阶段的发展，实现了传感器从简单结构参数变化到感知外界信息并适应环境的智能化能力。

作为智能集成制造系统的关键组成部分，传感器在提升制造过程的自动化、智能化和生产效率方面发挥着举足轻重的作用。通过将传感器技术与集成制造技术相结合，可以实现对制造过程中各种参数的实时监测和精确控制，为制造业带来诸多好处。

传感器技术能够显著提高制造过程的自动化程度。通过安装各种类型的传感器，可以实时获取生产线上各个环节的数据，如温度、压力、流量和位置等，从而实现对生产过程的精确控制。这不仅可以减少人工干预，降低人力成本，还能提高生产效率，确保产品质量，有助于实现制造过程的实时监控和反馈控制。通过实时监测生产过程中的各项参数，可以及时发现潜在问题并进行调整，避免生产事故的发生。传感器技术还可以提供实时的反馈控制，使生产过程更加稳定可靠，提高产品的一致性和合格率，促进制造过程的智能化和柔性化。此外，通过收集和分析大量的生产数据，可以优化生产流程，提高生产效率，实现生产线的快速调整和重构，以适应不同的生产需求，提高生产线的灵活性和适应性。

在实现智能集成制造的过程中，应借助高效的通信协议和数据传输机制，综合运用传感器技术、通信技术、计算机技术和控制技术等多种技术手段，而选择合适的传感器类型和参数，并进行精确的校准和标定，是确保传感器技术有效应用的关键。

2.2.2　机器视觉技术

机器视觉技术在智能集成制造中的应用日益广泛，它利用计算机和其他相关设备模拟人类视觉的功能，对图像进行采集、处理和分析，从而实现精准检测和识别。这种技术在提高生产效率、保证产品质量以及推动智能化生产方面发挥着重要的作用。

在智能集成制造过程中，机器视觉技术可以实现高度自动化的生产流程。通过捕捉和处理生产线上各个环节的图像信息，系统能够实时识别零件的尺寸、形状和位置等关键参数，从而确保每个零件的精确性和一致性，极大程度地降低人为因素的干扰，提高生产效率和产品合格率。机器视觉技术在质量检测方面也表现出色。在电子制造中，机器视觉系统能够准确检测电路板上的瑕疵和缺陷，避免了人工检测可能带来的漏检和误检。在食品加工行业中,机器视觉系统还可以用于识别食品中的杂质和污染物,保障食品的安全和质量。此外,机器视觉技术在智能识别领域也有着广泛的应用,例如在安防领域,通过机器视觉技术可以实现人脸识别和车牌识别等功能,提高安全监控的效率和准确性。在物流行业,机器视觉技术可以帮助实现自动化分拣和货物追踪,提高物流效率和服务质量。

机器视觉技术以其精准、高效的特点,为智能集成制造提供了有力的技术支持。该技术可提高生产效率,保证产品质量,推动制造业向更加智能化、自动化的方向发展,机器视觉系统架构如图2-4所示。随着技术的不断进步和应用场景的不断拓展,机器视觉技术将在未来发挥更加重要的作用,为制造业的转型升级和高质量发展提供有力保障。

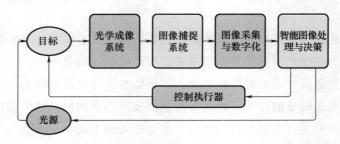

图 2-4　机器视觉系统架构

2.2.3　声音识别技术

声音识别技术是一门涉及数字信号处理、人工智能、语言学、数理统计学、声学、情感学及心理学等多学科的交叉技术。其本质是一种基于语音特征参数的模式识别,即通过学习,系统能够把输入的语音按一定模式进行分类,进而依据判定准则找出最佳匹配结果。作为现代科技领域的一项杰出成果,声音识别技术正日益展现出其在工业生产中的巨大潜力。该技术能够精准地捕捉和分析声音数据,从而帮助制造商解决生产过程中的一系列问题,从提高生产效率到优化产品质量,再到增强生产安全性,声音识别技术均有着显著的应用价值。

声音识别技术的实现主要依赖于声音传感器和机器学习算法,其技术原理架构如图2-5所示。声音传感器能够实时采集生产环境中的声音信号,并将其转化为数字数据,以供后续分析。机器学习算法则通过对这些数据进行深度学习和模式识别,精准地识别出异常声音并

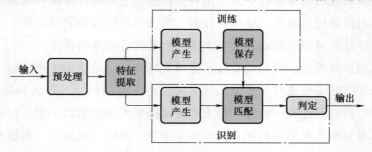

图 2-5　声音识别技术原理架构

由此预测设备故障，为生产过程的优化提供有力支持。声音识别技术在智能制造领域的设备故障检测、产品质量控制与生产安全监测等方面均能发挥作用。不仅如此，声音识别技术还可以通过对生产过程中产生的声音数据进行深入分析，优化生产流程和资源配置，提高生产效率。此外，声音识别技术还可以为制造商提供生产过程的可视化展示，使得生产状态更加直观易懂，为管理决策提供更加丰富的数据支持。

随着传感器技术的不断发展和完善，声音识别技术将在智能制造领域发挥更加重要的作用，其识别精度和稳定性将得到进一步提升。同时随着机器学习算法的不断优化，声音识别技术将能够识别更加复杂和细微的声音模式，为制造商提供更加精准和全面的生产监测和优化方案。作为一种先进的科技手段，声音识别技术不仅能够提高生产效率，降低成本，优化产品质量，还能够增强生产安全性，为制造商创造更多的商业价值。相信在不久的将来，声音识别技术将在智能制造领域获得更加广泛和深入的应用，推动制造业向更加高效、智能和可持续的方向发展。

2.2.4　空间定位和定位技术

作为智能制造领域的核心组成部分，空间定位和定位技术正在逐步推动制造业向更高效、更精确的方向发展。这些技术通过获取并处理目标物体的位置、姿态和运动状态信息，为自动化生产线、机器人位姿和智能仓储管理等多个领域提供了强大的技术支持。

在自动化生产线中，空间定位和定位技术可以帮助机器人精准地确定自身位置和姿态，从而实现一系列复杂的装配、搬运和检测等作业。这不仅提高了生产效率，还显著提升了产品质量，为制造业带来了实质性的效益。在智能仓储管理领域，空间定位和定位技术能极大地提高仓储效率和空间利用率，降低企业的运营成本。同时，随着虚拟现实和仿真技术的快速发展，空间定位和定位技术也在这些领域找到了新的应用空间。它们可以实现虚拟场景的精准呈现和交互操作，为虚拟现实和仿真应用提供更加真实、自然的用户体验。

2.2.5　生物识别技术

在生产制造过程中，生物识别技术的应用将带来更高的自动化和智能化水平。通过精确识别生产线上的员工和产品，该技术可以有效防止非授权人员的进入，保障生产安全，精确追踪产品的生产流程。此外，该技术还能实现员工的智能化管理，如考勤、人力资源配置等，从而提高管理效率。在质量控制方面，该技术可通过精确识别产品的身份和来源，确保产品从原材料到成品的每一个环节都符合质量标准，从而为消费者提供更加安全、可靠的产品。

随着消费者需求的日益多样化，个性化产品已成为市场的新趋势。生物识别技术能够帮助企业快速、准确地识别消费者的个性化需求，进而生产出符合消费者喜好的产品。这不仅有助于提高产品的市场竞争力，还能为消费者带来更好的使用体验。此外，该技术的高安全性特点使其在信息安全领域具有得天独厚的优势。随着网络安全问题的日益严重，生物识别技术将成为保护企业和个人信息的重要手段。通过应用该技术，企业可以有效防止信息泄露和黑客攻击，确保生产数据和客户信息的安全。

在未来，生物识别技术的应用领域将进一步拓宽。除了制造业，该技术还将广泛应用于医疗、金融、教育和物流等多个领域。生物识别技术以其高效、安全和可靠的特点，正逐渐成为现代制造业不可或缺的重要技术，具有强大的应用潜力和广阔的发展前景。随着科技的持续进步，这项技术将在多个方面实现显著的优化与提升，为现代制造业的转型升级注入新的活力。生物识别技术的应用场景如图 2-6 所示。

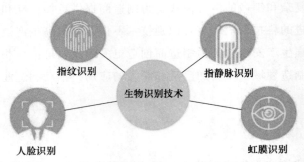

图 2-6   生物识别技术的应用场景

2.3 虚拟现实技术

人机结合、虚实融合的新一代智能界面是智能制造的显著特征之一，它代表着物理世界与虚拟世界、人与机器之间界限的逐渐模糊。在该背景下，虚拟现实技术（Virtual Reality，VR）作为一种高级人机交互技术，正发挥着不可替代的作用。

随着智能制造的不断发展，虚拟现实技术正逐步深入工业应用，并展现出巨大的潜力。通过虚拟现实技术，人们可以无需直接接触实际的物理设备而进行虚拟操作，这不仅提高了工作效率，降低了生产成本，还大大减少了因错误操作导致的损失和风险。

在智能制造系统中，虚拟现实技术充当着人与智能设备之间传递、交换信息的媒介和对话接口。通过虚拟现实界面，操作人员可以直观地了解设备的运行状态、性能参数等信息，并对其进行远程监控和控制。同时，虚拟现实技术还可以提供丰富的交互方式，使得操作人员能够更加自然、便捷地与智能设备进行沟通和协作。

2.3.1 虚拟现实技术概述

虚拟现实技术，又称灵境技术或虚拟实境技术，是在 20 世纪发展起来的一项新型实用技术，它囊括计算机、电子信息和仿真技术等领域。其基本实现方式是以计算机技术为主，综合利用三维图形、多媒体、仿真、显示和伺服等多种高新技术，借助计算机等设备产生一个具有逼真的三维视觉、触觉和嗅觉等多种感官体验的虚拟世界，从而使处于虚拟世界中的人产生一种身临其境的感觉。该技术主要包括虚拟现实、增强现实与混合现实 3 个方面。

虚拟现实这一概念最早由美国 VPL Research 公司创始人之一的 Jaron Lanier 在 1989 年提出，目前在业界得到了广泛应用。虚拟现实是由交互式计算机仿真组成的一种媒体，它能够感知参与者的位置和动作，并替代或增强一种或多种感官的反馈，从而产生一种精神沉浸于或出现在仿真环境中的感觉。虚拟现实应用计算机技术创造出了一个包含三维物体的空间环境，对于用户而言，虚拟物体具有强烈的空间存在感，用户与这些物体的交互感和与图片或电影的交互感是完全不同的。虚拟现实主要包含 4 个关键要素：虚拟世界、沉浸感、感觉反馈和交互性。根据用户参与程度和沉浸感的不同，通常将虚拟现实系统分为桌面式虚拟现实系统、沉浸式虚拟现实系统和分布式虚拟现实系统。虚拟现实技术目前已广泛应用于各类领域。在工业应用虚拟环境中，可通过虚拟现实交互外设进行三维仿真试验，以达到规避潜在问题，获得最优方案的目的。

增强现实（Augmented Reality，AR）于 1990 年初由波音公司的 Caudell 和 Mizell 提出，并开发了试验性的 AR 系统，该技术是虚拟现实技术的扩展，可将虚拟信息与真实场景相融合，并通过计算机系统将虚拟信息通过文字、图形图像、声音和触觉方式渲染补充至人的感官系统中，以增强用户对现实世界的感知。增强现实技术并没有使用户完全沉浸在虚拟环境中，它让人看到的是虚拟物体合成于真实环境中的双重世界，可以扩大人类的感知能力。

混合现实（Mixed Reality，MR）由 Milgram 和 Kishino 在 1994 年发表的文章中提出，是对虚拟-现实连续统一体的描述，真实环境和虚拟环境在两端通过交互形成 MR 技术，该技术结合真实世界和虚拟世界，创造了新的可视化环境，可实现真实世界与虚拟世界的无缝连接，混合现实技术主要包含增强现实和增强虚拟两部分内容。

通过结合 VR 技术和智能集成制造的概念，利用计算机生成的三维环境，可为制造过程提供一种全新的视角和操作模式，即通过模拟真实制造环境，实现制造过程的可视化、交互性和实时性。VR 技术可以帮助企业实现更高效、精准和智能的制造过程，从而降低生产成本，提高生产效率和产品质量。

2.3.2　虚拟现实技术应用

VR 技术在智能制造中的应用十分广泛且深入，它为企业提供了全新的视角和工具，使得制造过程更为高效、精准和智能化。

利用 VR 技术，除了模拟装配过程并优化流程，还可以帮助工程师在虚拟环境中进行复杂组件的预装配，检查潜在的装配干涉并提前解决。结合 AR 技术，工程师可以在真实环境中看到虚拟的装配指南，以便实时调整装配位置和角度，提高装配的准确性和效率，并通过模拟不同生产线的配置和流程设计，评估生产线的效率、生产能力和资源利用率，同时找到最优的生产线布局和流程设计，减少实际建设中的改动和调整。VR 技术还可以模拟真实的工作环境和设备操作，使新员工在安全的虚拟环境中进行实践操作，快速掌握相关技能和经验。对于复杂设备的操作和维护，VR 技术可以提供详细的操作指南和模拟场景，帮助员工更好地理解和执行。

VR 技术也可应用于产品开发，在产品开发初期，VR 技术可以帮助设计师和工程师进行产品外观和功能的虚拟展示，以便获取用户反馈并进行改进。此外，VR 技术还可以用于模拟产品的使用场景，以便评估产品的性能、耐用性和用户体验，为产品优化提供数据支持。

除了上述应用，VR 技术在智能制造中还有更多的潜在应用。例如市场推广和供应链管理等。随着技术的不断进步和应用的深入，VR 技术将与智能集成制造系统更加紧密地结合，为企业带来更多的创新和发展机遇。

2.4 人机交互技术

人机交互技术（Human-Computer Interaction Techniques，HCIT）是指通过计算机的输入和输出设备，实现人与计算机之间有效对话的技术。这包括计算机通过输出或显示设备向人提供信息和提示，以及人通过输入设备向计算机提供信息、回答问题等。

在智能制造时代，智能工厂需要建设灵活、安全且可以快速变化的智能生产线来满足消费者的定制化产品需求。为了适应新产品的生产，更换生产线、缩短制造时间和使用灵活快速的生产单元变得至关重要，它们可以提高企业产能和效率，降低成本。智能机器人在这一过程中将成为最关键的硬件设备，但人力操作在某些产品领域和生产线上依然不可或缺，尤其是在装配高精度零部件和进行灵活性要求高的密集劳动时，因此，人机协作发挥着越来越重要的作用，通过让机器人从事精确和重复性高的任务，工人可以专注于创意性工作。人机协作不仅使生产布局和配置更加灵活，还提高了产品的质量。这种人机协作方式可以是人与机器分工，也可以是人与机器共同工作。

在一般的信息系统中，使用者通常是专门的操作员，他们的计算机专业知识有限，可能不太了解系统内部的运作，因此需要系统具有直观易懂的界面形式和防误操作设计。这些操作员经常使用的操作方式比较程序化和固定，可以培训他们熟悉特定的交互方式。然而，对于智能决策支持系统的使用者来说，情况就会有所不同。决策人员需要面对非程序化、多样化和多变化的决策情境，而他们对计算机的了解通常较为有限，尤其是在涉及特定软件工具或技术（如 Excel、MSQuery 等）时。此外，决策者通常没有足够的时间去深入学习过于专门化的技术。

因此，在设计智能决策支持系统的交互界面时，需要考虑如何使用户可以充分、灵活和方便地与计算机进行交互，同时将计算机处理的结果以直观、充分和合理的方式呈现给用户。交互界面设计是智能决策支持系统设计的关键之一。如果交互界面设计得当，那么智能决策支持系统也会向成功迈出重要的一步。

2.4.1 语音识别

人类对自然语言理解的研究始于 20 世纪 60 年代初，其目标是通过计算机模拟人类的语言交互过程，使计算机能够理解和运用人类社会使用的自然语言（如汉语、英语等），从而实现人机之间通过自然语言进行通信。这一领域的研究旨在帮助人类进行资料查询、问题解答、文献摘录、资料汇编，以及处理各种与自然语言信息相关的工作。语音识别研究涉及多个学科，包括计算机科学、语言学、心理学、逻辑学和数学等。

语音识别技术致力于让智能设备能够理解人类语音。这项技术可以应用于自动客服、自动语音翻译、命令控制和语音验证码等多种场景。随着人工智能的发展，近年来语音识别技术在理论和应用方面取得了重大突破，已经从实验室走向市场，逐渐融入人们的日常生活。目前，语音识别技术已被广泛运用于语音识别听写器、语音寻呼和答疑平台、自主广告平台以及智能客服等诸多领域，其典型框架如图 2-7 所示。

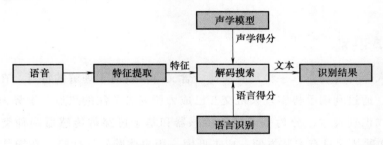

图 2-7 语音识别技术典型框架

语音识别虽具有广阔的应用前景，但实现性能优越的自动语音识别技术面临诸多困难，如语音信号受上下文影响变化、不同发音人和口音导致语音特征差异、心理生理变化引起的语音变化、发音方式和习惯带来的语音现象变化，以及环境和信道问题导致的语音信号失真等。随着技术的不断进步和完善，语音识别技术的应用领域将进一步扩大，为人们提供更多便利和智能化的服务。语音识别技术的常用方法如下：

（1）基于语言学和声学的方法

基于语言学和声学的方法是最早应用于语音识别的方法，但是这种方法涉及的知识过于复杂，导致现在并没有得到大规模普及。

（2）随机模型法

随机模型法目前应用较为成熟，该方法主要采用提取特征、训练模板、对模板进行分类及对模板进行判断的步骤来对语音进行识别。该方法涉及的技术一般有 3 种：动态时间规整（Dynamic Time Warping，DTW）、隐马尔可夫模型（Hidden Markov Model，HMM）理论和矢量量化（Vector Quantization，VQ）。其中，HMM 算法相较于其他两者的优点是简便优质，在语音识别性能方面更为优异，也正因为如此，如今大部分语音识别系统都在使用 HMM 算法。

（3）神经网络法

神经网络（Artificial Neural Network，ANN）法是在语音识别发展的后期才有的一种新型识别方法。它其实是一种模拟人类神经活动的方法，可以自动适应和自主学习。其较强的归类能力和映射能力在语音识别技术中具有很高的利用价值。业界往往将 ANN 法与传统的方法进行结合，各取所长，使语音识别的效率得到显著的提升。

（4）概率语法分析法

概率语法分析法通过分析语言中的概率分布，帮助计算机系统更好地理解和生成语言。它特别适用于处理大长度的语段，通过利用不同层次的知识来解决语言中的不同层次问题。

如今，语音识别技术已经取得很高的识别精度，特别是中小词汇量非特定人的语音识别系统已实现超过 98% 的识别准确率。这项技术已满足了通常的应用需求，并可制成专用芯片大规模生产。语音识别产品广泛应用于市场和服务领域，包括电话拨号、语音记事本和智能玩具等。用户可以通过语音识别系统进行口语对话，查询各类信息并取得期望的结果。

2.4.2　手势识别

作为一种人体行为动作，手势具有便捷、含义丰富且易于理解的特点，在日常生活中扮演了重要角色，通过利用手势实现人机交互已成为研究者关注的热点。手势识别技术融合了感知技术和模式识别技术，分为基于视觉传感器和基于可穿戴传感器两种类型，其流程如图 2-8 所示。这种技术具有安装方便，成本低廉，用户体验好等优势，在智能无人系统和虚拟现实等领域有广泛的应用前景。最初的手势识别主要依赖机器设备，通过检测手臂关节位置实现。例如数据手套通过传感器将手部位置和指向信息传输至计算机系统，这种方法虽然效果良好，但价格昂贵。随后，光学标记技术取代了数据手套，该技术通过红外线传输手部位置和指向信息至系统，尽管效果优秀，但设备相对复杂。

图 2-8　手势识别流程

手势分割是手势识别的关键步骤，它直接影响手势分析和最终识别效果。常用的手势分割方法包括基于单目视觉和基于立体视觉两种。单目视觉可以获取手势平面模型，立体视觉利用多个图像采集设备获取立体模型。立体视觉需要建立大量手势库，而三维重构具有更好的分割效果。手势分析是手势识别系统的关键技术之一，它通过获取手势的形状特征或运动轨迹来辅助识别手势意义。常见的手势分析方法包括边缘轮廓提取、多特征结合和指关节式跟踪。这些方法都有助于识别手势形状和动作轨迹，为动态手势识别提供重要特征。

手势识别影响着人机交互的自然性与灵活性。当前的大多数研究集中于简化背景下的手势识别，但实际应用中，手势识别面临光线、距离等复杂环境因素的挑战。为解决这些问题，研究人员需要在特定环境中综合使用多种方法，实现适应不同复杂环境的手势识别，推动人机交互的发展。

2.4.3　智能图像分析

智能图像分析就是对规律已知的物体进行分辨，比较容易识别的对象包含物体外形、颜色、图案、数字、条形码和二维码等。同时也有信息量大或者更抽象的图像识别，比如对人脸、指纹和虹膜等进行分辨。其系统构架如图 2-9 所示。

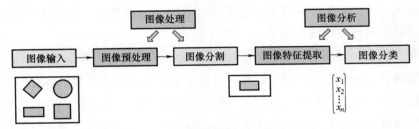

图 2-9　智能图像分析系统构架

智能图像分析利用机器视觉技术，准确识别预先设定的目标或物体模型。在工业领域，智能图像分析应用于条形码扫描等场合。随着硬件设备的更新，二维码等标识也可远距离读取，携带更丰富的信息且不需联网查询。智能图像分析包括预处理、特征提取、特征选择、建模、匹配及定位等步骤。

（1）预处理

预处理几乎是所有计算机视觉算法的第一步，其目标是尽可能在不改变图像承载的本质信息的前提下，使得每张图像的表观特性（如颜色分布、整体明暗和尺寸大小等）尽可能一致，以便之后的处理过程顺利进行。预处理有着生物学上的对应，如瞳孔、虹膜和视网膜上的一些细胞的行为类似于某些预处理步骤，如自适应调节入射光的动态区域等。预处理主要完成模式的采集、A/D 转换、滤波、消除模糊、减少噪声和纠正几何失真等操作。

（2）特征提取

特征提取的目的是从模式样本中提取能代表该模式的特有性质。这是模式识别中最关键的一步，但也是最难以控制的一步。其准则是提取尽量少的特征，使分类的误差最小。近年来，子空间方法，如主成分分析（Principal Component Analysis，PCA）和线性判别分析（Linear Discriminant Analysis，LDA）也已成为相对重要的特征提取手段。这种方法将图像拉长为高维空间的向量，并进行奇异值分解（Singular Value Decomposition，SVD）以得到特征方向。人脸识别便是其较为成功的应用范例。此类方法能处理有全局噪声的情况，并且模型相对简单、易实现，然而这种算法割裂了图像的内部结构，因此在本质上是非视觉的，且这种模型的内在机制较难令人理解，也没有任何机制能消除施加于图像上的仿射变换。

（3）特征选择

再好的机器学习算法，没有良好的特征都是不行的，而有了特征之后，机器学习算法便开始发挥自己的优势。特别是在特征种类较多或者物体类别较广时，需要找到各自的最适应特征的场合。严格来讲，任何能够在被选出特征集上正常工作的模型都能在原特征集上正常工作，而反过来进行了特征选择则可能会丢失部分有用特征。不过由于巨大的计算成本，在模型训练之前对特征进行选择仍然是必不可少的环节。

（4）建模

一般智能图像分析系统赖以成功的关键基础在于同一类物体总是有一些地方是相同的，而给定特征集合提取相同点分辨不同点就成了模型要解决的问题。因此可以说模型是整个智能图像分析系统的成败之所在。对于智能图像分析这个特定课题，主要选择高效精确算法，构建特征与特征之间的空间结构关系。

（5）匹配及定位

在建模完成后，接下来的任务是运用目前的模型去识别图像中的物体属于哪一类别，并且对物体进行定位，找出图片中与所建立模型中目标特征相符合的空间分布及其在图片中的位姿，进一步还可以通过人为给定的真实类别及位姿来对所建立的模型进行调整，从而得到更加准确和高鲁棒性的匹配定位模型。

2.5 云计算技术

云计算（Cloud Computing，CC）是由分布式计算（Distributed Computing，DC）、并行处理（Parallel Computing，PC）和网格计算（Grid Computing，GC）发展来的，是一种新兴的商业计算模型。目前，人们对于云计算的认识在不断发展变化，云计算仍没有统一的定义。

狭义的云计算指的是厂商通过分布式计算和虚拟化技术搭建数据中心或超级计算机，以免费或按需租用的方式向技术开发者或者企业客户提供数据存储、分析以及科学计算等服务，比如亚马逊数据仓库出租。广义的云计算是指厂商通过建立网络服务器集群向各种类型的客户提供在线软件、硬件租借、数据存储和计算分析等不同类型的服务，它包括了更多的厂商和服务类型，如用友、金蝶等厂商推出的在线财务软件，谷歌发布的 Google 应用程序套装等，主要包括硬件资源（服务器、存储器和中央处理器等）和软件资源（应用软件和集成开发环境等）。本地计算机只需要通过互联网发送一个需求信息，远端就会有成千上万的计算机提供所需要的资源并将结果返回到本地计算机，所有的处理都在云计算提供商所提供的计算机群中完成。云计算平台架构如图 2-10 所示。

云计算服务分为基础设施即服务、软件即服务和平台即服务 3 个层次，部署形式包括公有云、私有云和混合云。其关键技术包括计算虚拟化、网络虚拟化和云存储等。公有云面向社会开放，私有云主要面向企业内部，混合云整合了前两者的优势，可提供安全保障并提高资源利用率。图 2-11 所示为传统 IT 与云计算的对比。

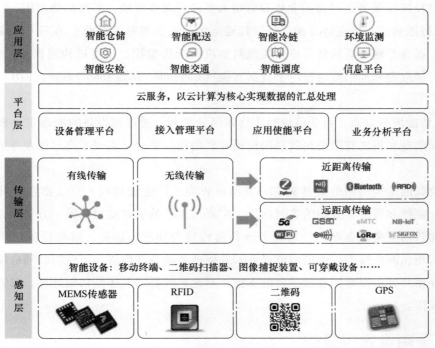

图 2-10　云计算平台架构

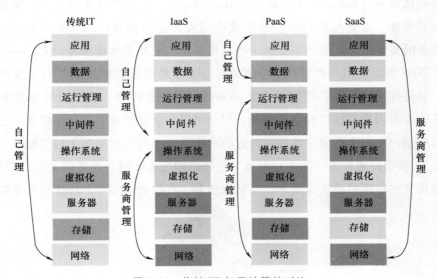

图 2-11　传统 IT 与云计算的对比

在智能制造领域，云计算技术有广阔的应用场景，具体如下：

1）在智能研发领域，可以构建仿真云平台来支持高性能计算，实现计算资源的有效利用和可伸缩，还可以基于软件即服务（Software as a Service，SaaS）的三维零件库，提高产品研发效率。

2）在智能营销方面，可以构建基于云的客户关系管理（Customer Relationship Management，CRM）应用服务，对营销业务和营销人员进行有效管理，实现移动应用。

3）在智能物流和供应链方面，可以构建运输云，实现制造企业、第三方物流和客户的信息共享，提高车辆往返的载货率，实现对物流的全程监控，还可以构建供应链协同平台，使主机厂、供应商和经销商通过电子数据互换（Electronic Data Interchange，EDI）实现供应链协同。

4）在智能服务方面，企业可以利用物联网云平台，通过对设备的准确定位来开展电商服务。如湖南星邦重工有限公司就利用树根互联的根云平台，实现了高空作业车的在线租赁服务。

工业物联网是智能制造的基础。一方面在智能工厂建设领域，通过物联网可以采集设备、生产、能耗和质量等方面的实时信息，实现对工厂的实时监控；另一方面，设备制造商可以通过物联网采集设备状态，对设备进行远程监控和故障诊断，避免设备的非计划性停机，进而实现预测性维护，提供增值服务，并促进备品备件销售。工业物联网应用采集的海量数据的存储与分析需要工业云平台的支撑，不论是机器学习还是认知计算，都需要工业云平台作为载体。

2.5.1　基础设施即服务

基础设施即服务（Infrastructure as a Service，IaaS），是消费者使用处理、储存、网络及各种基础运算资源，部署与执行操作系统或应用程序等各种软件，其架构如图 2-12 所示。IaaS 是云服务的最底层，主要用来提供一些基础资源。它与平台即服务（Platform as a Service，PaaS）的区别是，用户需要自己控制底层，实现基础设施的使用逻辑。客户端无需购买服务器、软件等网络设备，即可任意部署和运行处理、存储、网络和其他基本的计算资源，用户不能控管或控制底层的基础设施，但是可以控制操作系统、储存装置和已部署的应用程序，有时用户也可以有限度地控制特定的网络元件，与主机端防火墙类似。

IaaS 将 IT 基础设施作为一种通过网络对外提供的服务。用户无需建立自己的数据中心，而是通过租用方式使用基础设施服务，包括服务器、存储和网络等。IaaS 利用虚拟化操作系

图 2-12　IaaS 的架构

统、工作负载管理软件、硬件、网络和存储服务交付计算资源，并可按需提供计算能力。虚拟化在云计算中起着基础作用，通过将资源和服务从物理底层环境中分离，可以实现在单一物理系统内创建多个虚拟系统，以此提高效率并节约成本。

当前，在云计算 IaaS 中，仍面临两方面的安全问题：同用户的数据安全和不同用户之间的数据安全。

同用户的数据安全，一般而言是指用户自己对于数据的用途不同。一部分数据，如企业公开财务信息、最新新闻、股票信息和业绩等，是可以向社会大众公开的公共资源。不同用户之间的数据安全，如企业的技术信息和资金变动等内部重要信息，由于关乎企业的存续，是不能对外公布的核心数据。

云计算 IaaS 需要对两种数据进行分别处理，并且进行全方位的保护，保证数据的安全和隔离。不同用户之间的数据是具有差异的，甚至有些用户的数据是不能外泄的，一旦用户之间的数据相互覆盖或复制，不仅会对用户造成困扰，也会让用户产生不信任感。这就需要对不同用户间的数据进行隔离，保证各个用户的数据的准确和安全，防止"串门"事件的发生。另外，做好安全审计也是商用系统信息安全的重要部分，应对各类操作建立日志，并且予以分析审计，对虚拟机、数据库和管理信息等也要进行安全审计，保证系统的安全。在此基础上，还需要保证用户数据的完整和及时更新，并建立防火墙、数据加密、权限设置和数据备份等，对数据进行全方位的安全保障。

在云计算 IaaS 中，同质化现象较为严重，企业在服务质量和稳定性相近的情况下，可通过提供独特的创新服务来构建核心竞争力。随着新型通信技术及相关信息技术的发展，云计算 IaaS 市场得到快速普及，且建设成本降低带来的使用成本削减将降低市场接触和使用云计算业务的门槛。IaaS 提供商的核心竞争力主要在于实际价格和性能优势，而性能优势在性价比问题上受实际价格的间接影响。

2.5.2　软件即服务

软件即服务（Software as a Service，SaaS），亦可称为"按需即用软件"，即"一经要求，即可使用"，它是一种软件交付模式，一般可以分为通用型的 SaaS 与垂直行业型的 SaaS。在这种交付模式中，软件仅需通过网络，不需经过传统的安装步骤即可使用，软件及相关的数据集中托管于云端服务。用户通常使用精简客户端，一般经由网页浏览器来访问。SaaS 的最大特色在于软件本身并没有被下载到用户的硬盘，而是存储在提供商的云端或者服务器中。相比传统软件需要购买下载，SaaS 只需要用户租用软件并在线使用即可，不但极大减少了用户的购买风险，也无需下载软件本身，无设备要求的限制。

相比于传统软件，SaaS 具有如下优势：

（1）无需事先的大额成本支出

传统的软件交付方式，一般是企业购买软件授权及所需的服务器和存储器，然后根据企业需求进行定制及实施。企业在使用软件之前就需要支付软件的授权费用、硬件的购买费用和定制及实施的费用。而在 SaaS 方式下，企业只需按年或按月支付租赁费用即可。

（2）无需专门的运维

在传统的软件交付方式下，企业需要培养 IT 技术人员，负责相关系统的监控、运维和数据备份等工作。这对于垂直行业，尤其是中小企业来说，通常是一笔不小的开支。另外，如果企业在 IT 方面的竞争优势比较弱，通常很难吸引到高素质的 IT 人才。

（3）业务需求响应更加敏捷

在传统的软件交付方式下，一般首先由业务部门提出需求，上级部门或 IT 部门进行预算审批，然后 IT 部门招标，由供应商实施及定制化开发。SaaS 方式则无需大额的资本性支出，租赁费用可以算作纯粹的费用或成本，因此审批流程阻力更小甚至无需审批。而且，在企业梳理好内部业务流程的情况下，可直接订阅并开通使用，省去了软件实施及定制化开发的时间。因此，SaaS 模式使得从需求提出到获得软件服务的周期更短。

（4）更好的兼容性

由于兼容性的问题，传统软件的安装、更新与补丁可能会花费一定的时间。另外，软件在进行大版本的升级时，偶尔也会存在兼容性问题，需要进行数据的导出、修改和再导入。而对于 SaaS 用户来说，只要登录进去即可使用最新版本的软件服务。

（5）行业最佳实践

一般来说，无论是通用型的 SaaS 产品还是垂直行业型的 SaaS 产品，都是基于相关领域的最佳流程与实践开发的，并且根据用户的使用反馈进行了改进，代表了行业的最佳流程与经验总结。企业使用 SaaS 产品，即在事实上获得了行业的最佳实践，从而能够快速提升企业的运营水平。

SaaS 提供了先进的应用程序，无需企业购买、安装、更新或维护硬件、中间件及软件，使缺乏部分软、硬件资源的企业也能够使用先进的企业应用程序并按需付费，其架构如图 2-13 所示。SaaS 服务可根据使用水平自动扩展和收缩，以节省费用，并且用户可以通过网页浏览器直接运行大部分 SaaS 应用，这增强了员工移动性。此外，用户无需大量学习专业知识即可处理移动计算带来的安全问题，而服务提供商将确保数据的安全，并且用户可以从任何位置访问应用数据，且数据存储于云后，在计算机或移动设备故障时不会丢失任何数据。相比传统的软件交付方式，用户通过 SaaS 可以获得更好的体验，而提供优秀 SaaS 产品的提供商则会通过为用户提供更好的服务获得成功，实现双赢。总体来说，相比传统的软件交付方式，SaaS 应该是一种更好的商业模式。

图 2-13　SaaS 的架构

2.5.3　平台即服务

平台即服务（Platform as a Service，PaaS）是一种云计算服务，用于提供运算平台与解决方案。在云计算的典型层级中，PaaS 介于 IaaS 与 SaaS 之间。其核心理念是将软件开发平台作为一种服务提供给用户，使各类应用程序所需的运行环境在平台中得到良好支持。PaaS 可以抽象而有效地隐藏执行物理资源分配（如 CPU、内存和磁盘等）、服务生态系统管理、操作系统和网络配置等细节。PaaS 还可使负载平衡和资源扩展自动化，并为 PaaS 组件和相关服务提供高可用性和容错能力，其架构如图 2-14 所示。

图 2-14　PaaS 的架构

PaaS 支持用户将云端基础设施部署与创建至客户端，或者由此得以使用编程语言、程序库与服务。用户不需要管理与控制云端基础设施（如网络、服务器、操作系统或存储），但需要控制上层的应用程序部署与应用托管的环境。PaaS 将软件研发的平台作为一种服务，以 SaaS 模式交付给用户。因此，PaaS 也是 SaaS 的一种应用。PaaS 的出现也可以加快 SaaS 的发展，尤其是加快 SaaS 应用的开发速度。

PaaS 之所以能够推进 SaaS 的发展，主要在于它能够为企业提供进行定制化研发的中间件平台，同时涵盖了数据库和应用服务器等。PaaS 可以提高在 Web 平台上利用的资源数量，例如可通过远程 Web 服务使用数据即服务，还可以使用可视化的应用程序编程接口（Application Programming Interface，API），甚至 PaaS 还允许混合并匹配适合应用的其他平台。因此用户或者厂商基于 PaaS 可以快速开发自己所需要的应用和产品。

PaaS 能将现有的各种业务能力进行整合，具体可以归类为应用服务器、业务能力接入、业务引擎和业务开放平台。其向下可根据业务能力需要测算基础服务能力，通过 IaaS 提供的 API 调用硬件资源，向上可提供业务调度中心服务，实时监控平台的各种资源，并将这些资源通过 API 开放给 SaaS 用户。PaaS 主要具备以下 3 个特点：

（1）平台即服务

PaaS 所提供的服务与其他服务最根本的区别是 PaaS 提供的是一个基础平台，而不是某种应用。在传统的观念中，平台是向外提供服务的基础。一般来说，平台作为应用系统部署的基础，是由应用服务提供商搭建和维护的，而 PaaS 颠覆了这种观念，它由专门的平台服务提供商搭建和运营该基础平台，并将该基础平台以服务的方式提供给应用系统运营商。

（2）平台及服务

PaaS 运营商所提供的服务，不仅仅是单纯的基础平台，还包括针对该平台的技术支持服务，甚至还有针对该平台而进行的应用系统开发、优化等服务。PaaS 的运营商最了解他们所运营的基础平台，所以由 PaaS 运营商提出的对应用系统的优化和改进建议也非常重要。而在新应用系统的开发过程中，PaaS 运营商的技术咨询和支持团队的介入，也是保证应用系统在以后的运营中得以长期、稳定运行的重要因素。

（3）平台级服务

PaaS 运营商对外提供的服务不同于其他的服务，这种服务的背后是强大而稳定的基础运营平台，以及专业的技术支持队伍。这种"平台级"服务能够保证支撑 SaaS 或其他软件服务提供商的各种应用系统长时间稳定运行。PaaS 的实质是将互联网的资源服务化为可编程接口，为第三方开发者提供有商业价值的资源和服务平台。有了 PaaS 的支撑，云计算的开发者就获得了大量的可编程元素，这些可编程元素有具体的业务逻辑，为开发带来了极大的方便，不但提高了开发效率，还节约了开发成本。

2.5.4　云计算的运维管理和自动化工具

云计算的运维管理需要尽量实现自动化和流程化，避免在运维和管理过程中因为人工操作带来不确定性问题。同时，云计算的运维管理需要针对不同的用户提供个性化的视图，帮助管理和维护人员查看，以便及时定位和解决问题。云计算的运维管理和运维人员面向的是所有的云资源，要完成对不同资源的分配、调度和监控。同时，相关人员应能够向用户展示虚拟资源和物理资源的关系与拓扑结构。云计算的运维管理的目标是通过改进运维的方式和流程，确保云资源的有效管理和优化使用，以适应不断变化的市场需求和技术发展，从而支持企业的业务增长和创新。图 2-15 所示为 Ansible 自动化运维工具，它是目前较好的自动化运维工具之一。

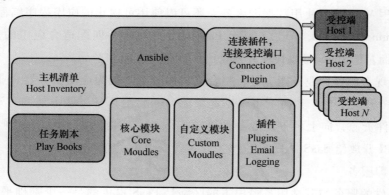

图 2-15　Ansible 自动化运维工具

云计算的运维管理应提供如下功能：

（1）自服务门户

自服务门户将基础设施资源、平台资源和应用资源以服务的方式交互给用户使用，提供基础设施资源、平台资源和应用资源服务的检索和资源使用情况统计等自服务功能，自服务门户需要为不同的用户提供不同的展示功能，并有效隔离多用户的数据。

（2）身份与访问管理

身份与访问管理主要用于确保只有授权的用户才能访问特定的资源或系统。

（3）服务目录管理

服务目录管理可建立基础设施资源、平台资源和应用资源的逻辑视图，以此形成云计算及服务目录，供服务消费者与管理者查询。服务目录应定义服务的类型、基本信息、能力数据、配额和权限，并提供服务信息的注册、配置、发布、注销、变更和查询等管理功能。

（4）服务规则管理

服务规则管理定义了资源的调度和运行顺序逻辑。

（5）资源调度管理

资源调度管理通过查询服务目录，判断当前资源状态，并且执行自动的工作流来分配及部署资源，同时按照既定的适用规则，实现实时响应服务请求，并根据用户需求实现资源的自动化生成、分配、回收和迁移，用以支持用户对资源的弹性需求。

（6）服务运营监控

服务运营监控将各类监控数据汇总至服务运营监控引擎进行处理，通过在服务策略及工作请求间进行权衡，进而生成变更请求，部分变更请求会被转送到资源调度管理进行进一步的处理。

（7）服务计量管理

服务计量管理按照资源的实际使用情况进行服务质量审核，并规定服务计量信息，以便在服务使用者和服务提供者之间进行核算。

（8）服务质量管理

服务质量管理遵循 SLA 要求，按照资源的实际使用情况进行服务质量的审核与管理，如果服务质量没有达到预先约定的 SLA 要求，则自动进行动态资源调配，或者给出资源调配建议，由管理者进行资源的调派，以满足 SLA 的要求。

（9）服务交付管理

服务交付管理包括交付请求管理、服务模板管理和交付实施管理，可实现服务交付请求的全流程管理，以及自动化实施的整体交付过程。

（10）管理门户

管理门户面向管理维护人员，可将服务和资源的各项管理功能构成一个统一的工作台，以此实现管理维护人员的配置、监控和统计等功能需要。

云管理的最终目标是实现 IT 能力的服务化供应，并实现云计算的各种特性，如资源共享、自动化、按使用付费、自服务和可扩展等。

云计算服务让企业按需访问资源变得更容易，但却没有对其进行更好的管理。企业必须自己配置虚拟机，创建虚拟机集群，设置虚拟网络以及管理可用性和性能，而采用自动化技术将会轻松完成所有这些任务。云计算自动化是一组流程和工具，可以减少企业的 IT 团队在配置和管理云计算工作负载和服务上花费的精力和时间，并且可以将云计算自动化应用于私有云、公有云或混合云。此外，人工进行云部署可能会产生一些安全漏洞，从而使企业面临风险。而采用云计算自动化有助于降低基础设施和技术堆栈的可变性和复杂性。

现代的工作负载和严格的交付时间表迫使企业寻求有助于简化 IT 运营和应用程序交付的方法。但是选择正确的云计算基础设施自动化工具并非易事，因为这些工具可能会有很大差异。为了帮助企业完成这一过程，以下介绍 7 个自动化工具，这 7 个自动化工具采用了不同的方法来提供云计算基础设施并支持自动化。

1）谷歌公司的 Cloud Deployment Manager 支持使用 YAML 声明性语言创建和管理一组 Google Cloud 资源作为一个单元。在 YAML 中定义一个管理员用户，确保该用户被包含在所有部署的资源中。配置文件还可以引用模板，这些模板用于创建基础设施的预定义构建块。

2）AWS CloudFormation 允许系统管理员对一组相关的 AWS 和第三方资源进行建模和配置，并在整个生命周期中对其进行管理。它们通过定义模板来描述所需的资源及其依赖关系，CloudFormation 使用这些模板来提供和配置资源。

3）VMware vRealize Automation 是 VMware vRealize 套件的一部分，它为私有和多云环境提供自动化服务。该产品包括几个组件：用于供应的云组件、用于内容聚合的 Service Broker、用于应用程序和基础设施自动化的代码流以及用于工作流管理的 Orchestrator。

4）Chef Software 公司推出的 Chef Automate 是用于基础设施自动化的内部企业仪表板和分析工具。它包括 3 个核心引擎：Chef Infrastructure、Chef InSpec 和 Chef Habitat。Chef Automate 通过使用人类可读的语言来实现跨团队协作，并提供基础设施更改的可审核历史记录。

5）Red Hat Ansible 自动化平台提供了一套用于实现企业范围自动化的工具。该产品在原始 Ansible 项目的基础上，通过添加功能部件来实现大规模自动化。它包括 Ansible Tower、Ansible Engine、预打包的内容集合，以及用于查找预组合内容的 Ansible Automation Hub。

6）Microsoft Azure Automation 提供了自动化和配置服务，该服务支持对 Azure、内部以及其他云计算提供商（例如 AWS）中的部署和操作的完全控制。管理员可以编写运行手册来自动化 Azure 任务，也可以使用 Hybrid Runbook Worker 来管理 Azure 之外的任务。

7）Puppet Enterprise 是用于基础设施和工作流管理及配置的本地软件。它的原始版本包括一个完整的 Puppet 配置和其他组件。

云计算自动化可为企业的团队节省大量时间和精力。它更快，更可扩展，更安全，可以构建更可预测和更可靠的工作流程。

2.6　物联网技术

物联网最早由麻省理工学院 Auto-ID 中心的凯文·艾什顿（Kevin Ashton）教授在 1999 年研究射频识别技术时提出，物联网的概念分为广义和狭义两方面。广义上的物联网是一个未来发展的愿景，可实现人与任何网络、任何人、任何物的信息交换，以及物与物之间的信息交换，类似于"未来的互联网"或"泛在网络"。狭义上的物联网是指物品通过传感器连接成的局域网，该局域网不论是否接入互联网，都属于物联网范畴。

物联网技术是指通过射频识别、红外感应器、全球定位系统和激光扫描器等信息传感设备，按约定的协议，将任何物品与互联网相连接，进行信息交换和通信，以实现智能化识别、定位、追踪、监控和管理的一种网络技术。其核心和基础仍然是互联网技术，可认为物联网技术是在互联网技术的基础上延伸和扩展的一种网络技术，其用户端延伸和扩展到了任何物品和物品之间。随着物联网技术的迅速发展，其在智能制造领域得到了广泛的应用。

传统制造业目前面临着劳动力成本高、生产效率偏低、原材料利用率低、能耗较大和服务水平相对滞后等多重挑战，严重影响着企业的市场竞争力和影响力。制造物联技术作为制造业信息化的新兴技术，是一种可用于新型制造模式和信息服务模式的技术，能够推动先进的制造业生产方式，增加产品附加值，加速转型升级，降低生产成本，减少能源消耗，推动制造业向全球化、信息化、智能化和绿色化方向发展。这项技术也是提升企业自主创新能力、提高经营管理和服务水平的重要途径，可促进制造业从生产型转向服务型，为企业在价值链高端占据优势地位提供重要的技术支持，显著增强企业竞争力。

2.6.1　传感器和执行器

传感器是一种检测装置，它通过将特定物理量（如光、热、运动、水分和压力等）转换为电信号或其他形式的信号，来检测、测量或指示这些物理量。传感器可以是一个设备、模块或子系统，其目的是检测环境中的事件或变化，并将相关信息发送给其他电子设备，通常是计算机处理器。

在环境参数中，传感器可以感知和交流的因素及事件包括声音、温度、湿度、特定化学成分或气体的存在、光线和占用率（例如房间）等。显然，传感器是物联网必不可少的组件，并且它们必须非常精准。

执行器也是物联网系统中必不可少的一个重要组成部分。执行器的作用是接收控制器送来的控制信号，改变被控介质的大小，从而将被控变量维持在所要求的数值上或一定的范围内。类似于传感器，执行器的种类也很多，使用方式各不相同，按其能源形式可分为气动、电动和液动三大类。气动执行器用压缩空气作为能源，其特点是结构简单、动作可靠、平稳、输出推力较大、维修方便且价格较低，因此广泛地应用于化工、造纸和炼油等生产过程中，并且可以方便地与被动仪表配套使用。电动执行器的能源取用方便，信号传递迅速，但结构复杂，防爆性能差。液动执行器在化工和炼油等生产过程中基本上不使用，它的特点是输出推力较大。在物联网的范围内，执行器在大多数情况下用于通过施加一些力来打开或关闭某些物体。但是，执行器在工业应用或机器人技术中也有大量使用，例如将执行器用于抓具，图 2-16 所示为传感器与执行器的应用。

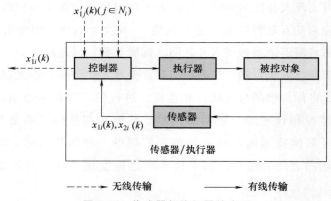

图 2-16　传感器与执行器的应用

2.6.2　网络连接和通信技术

物联网是互联网的扩展和延伸，加入物联网的物体可通过这个网络进行通信。因此，物联网设备不管以什么方式接入网络，最终都有能力通过 TCP/IP 与互联网上的其他个体进行通信。物联网的组网技术相对于互联网的组网技术要丰富得多，一方面物联网继承了互联网的组网技术，另一方面物联网也因为环境和设备的特殊性而诞生了很多适宜的组网技术。在一个物联网场景中，每个设备或主机都以一定的方式连接到物联网中。连接的形式基本上可以分为有线连接和无线连接，不同类型的设备可以选择不同的连接方式，最终形成一个可互联的网络。常见的连接方式可分为有线连接和无线连接。物联网应用在本质上是关于设备或过程的远程监控和管理。没有连接，物联网就不可能存在，物联网生态系统中的设备只有连接到其他设备后才能工作。目前有很多种技术可以提供这种连接，如图 2-17 所示。

在物联网中，网络协议和通信技术的选型与优化是物联网系统性能和可靠性的关键因素。设备之间的通信需要遵循一定的协议，以确保数据的准确性、完整性和时效性。这些协议可以分为应用层协议、传输层协议和网络层协议，其中应用层协议主要负责处理具体的应用场景，如智能家居、智能交通和智能能源等，传输层协议负责在应用层协议之上提供端到端的通信服务，网络层协议负责在传输层协议之上实现设备之间的数据传输。设备之间的通信主要依赖于以下五种网络协议和通信技术：

（1）MQTT（Message Queuing Telemetry Transport）

这是一种轻量级的消息传输协议，主要用于实时传输设备数据，它具有低延迟、低带宽

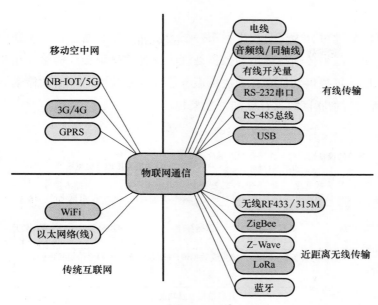

图 2-17　物联网中的连接技术

和高可靠性等特点。

（2）CoAP（Constrained Application Protocol）

这是一种适用于受限制环境的应用层协议，主要用于实现设备间的简单、快速和可靠通信。

（3）HTTP（Hypertext Transfer Protocol）

这是一种文本传输协议，主要用于实现 Web 应用程序的通信。

（4）DDS（Data Distribution Service）

这是一种实时数据传输协议，主要用于实现高性能和高可靠性的设备间通信。

（5）LoRaWAN

这是一种低功耗、长距离的无线通信技术，主要用于实现大面积的设备间通信。

物联网领域面临着许多挑战，随着物联网设备数量的增加，网络协议和通信技术的性能与可靠性将变得至关重要。未来也将会有更高效、更安全、更保护隐私且更可靠的网络协议和通信技术出现。随着物联网设备扩展至海洋和太空等地方，如何实现更低功耗、更长距离的无线通信，以满足未来物联网设备更加智能化、自主化的需求，是目前需要解决的工程难点。

2.6.3　数据存储和处理

物联网中的数据存储和处理需求具有大规模、实时性、多样性和不确定性等特点。结合这些特点，可利用分布式存储技术实现高可扩展性、高性能和高可靠性。同时，针对数据生成和传输中的问题，如丢失、延迟和不一致等，HDFS 支持数据复制和检查修复机制，可以提高数据的可靠性。

物联网数据的处理可分为三个层次：第一层为协同感知，通过传感器联合感知来实现高精度感知信息；第二层为传输过程中的数据处理，包括信息聚合、链路优化和安全传输；第三层为应用支撑层，可提供共性支撑和决策服务，实现多粒度的存储和检索，提高信息获取效率。图 2-18 所示为物联网数据存储和处理架构。

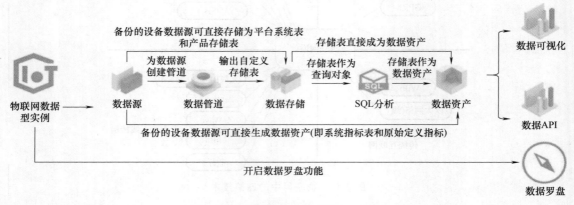

图 2-18 物联网数据存储和处理架构

随着信息技术的发展，特别是物联网技术的应用，人们将可以不分时间和地点，方便地获得大量的信息，并且人们获得的数据量将以指数级快速增长。这些数据具有快速更新，数据维度更高，非结构化等特点。目前人们对这些数据的处理还没有形成相应的有效方法，传统的数据分析方法在处理这些数据集合时，也往往效果并不好，甚至在某些情况下失效。因此，人们迫切希望去认识和探索这些数据之间的奥秘，并有效地利用这些高维数据。

随着物联网技术的发展，物联网数据的规模将更加巨大，其实时性和可靠性的要求也会逐步提高。因此，需要发展新的数据存储和处理技术，以满足物联网数据的巨大规模和实时性要求；发展更智能的数据处理算法，以提取物联网数据中潜在的有价值信息；发展更安全的数据处理能力，对数据加以保护；发展更智能的物联网系统，以实现更高效的资源利用和更好的决策支持。

2.6.4 数据分析和人工智能

物联网的数据分析，可以分为如下四个类别：

1）描述式分析（Descriptive）：对采集的物联网数据进行统计和展示，以统计分析为主。

2）诊断式分析（Diagnostic）：结合工业机理，对异常的产生原因进行诊断分析，需要引入很多数据挖掘技术，包括相关性分析、序列事件分析等。

3）预测式分析（Predictive）：通过长期历史数据的发展规律，预测趋势的变化，这部分需要引入机器学习和神经网络等技术，以便对趋势进行预测。

4）处方式分析（Prescriptive）：通过多个维度的数据分析的结果，结合知识库和机器学习，给出多种决策依据的可能，并提供智能的判决支持。

在每个类别里面，又必须从机理分析和数据驱动分析两个层面来展开。

机理分析是根据物理或化学的原理，对工业设备的控制、过程以及产生的响应进行基于设计原理的专业分析，这部分一定是以专业知识为依据的。数据驱动分析对于工业里面很多无法直接测量的现象，可以通过提取数据特征，从海量的数据中寻找异常点，通过机器学习的方法，弥补专业知识的不足。应当看到，物联网数据分析的基础是物理机理，也就是对专业知识的了解，而不是数据分析的方法和能力，没有充分的专业知识，盲目地将一些大数据和人工智能的工具投入对工业数据的分析，一定会适得其反。

在与人工智能技术融合后，物联网的潜力将得到更进一步的释放，进而改变现有产业生态。人工智能物联网的发展将会经历单机智能、互联智能和主动智能三个阶段：

1）单机智能是指设备与设备之间不能发生相互联系，需要等待用户主动发起交互。在这种情境下，单机系统需要精确感知、识别和理解用户的各类指令，比如语音及手势等，并进行正确的决策、执行以及反馈。如果用手机进行类比的话，单机智能实现了功能机向智能机的重要转型，用户可以从按键式操作转变为通过语音等手段实现一些基础功能。但无法互联互通的智能单机只是一个数据与服务的孤岛，远远无法满足人们日益增长的各种需求。

2）互联智能是指一个互联互通的产品矩阵，它采用"一个大脑（云或者中控），多个终端（感知器）"的模式。互联智能打破了单机智能的孤岛，对智能化体验场景进行了不断升级和优化。例如，当用户在卧室对空调发出"关闭客厅窗帘"指令时，由于空调与客厅的智能音箱中控相连接，它们之间就可以互相商量和决策，进而做出关闭客厅窗帘的动作。这就是一个典型的使用云端大脑，配合多个感知器的互联智能场景。但是互联智能不是终点，仍然具备进步的空间。

3）主动智能是指智能系统可以根据用户行为偏好、用户画像和环境等各类信息随时待命，具有自学习、自适应和自提高能力，可主动提供适用于用户的服务，而无需等待用户提出需求。相比互联智能，主动智能真正实现了人工智能物联网的智能化和自动化。在过去的几年里，人工智能物联网的发展极为迅猛。截至目前，人工智能物联网已经在智能家居、智慧城市、智能安防以及工业机器人等领域得到广泛应用。

智慧城市旨在利用各种信息技术或创新理念，集成城市的组成系统和服务，提升资源运用效率，优化城市管理和服务，改善市民生活质量。智慧城市是未来城市的主流形态，而万物互联只是城市智能化的基础，在人工智能的帮助下，城市将拥有"智慧大脑"，为城市增加智能元素，最大化助力城市管理。人工智能物联网可以创造城市精细化管理新模式，真正实现智能化和自动化的城市管理模式。人工智能物联网依托智能传感器、通信模组和数据处理平台等，以云平台、智能硬件和移动应用等为核心产品，将庞杂的城市管理系统降维成多个垂直模块，为人与城市基础设施、城市服务管理等建立起紧密联系。借助人工智能物联网的强大能力，城市将更懂人的需求，带给人们更好的生活体验。同时，人工智能物联网在工业领域也具有非常广阔的应用前景，其中主要的就是在工业机器人领域的应用。在自动化普及的工业时代，生产过程会完全自动化，工业机器人也将具有高度的自适应能力，工业物联网会在人工智能的辅助下，实现机器智能互联。此外，人工智能物联网还可以帮助管理者更加自如地操控，尤其在一些工业危险领域，以工业机器人代替人工，可将人工智能物联网的作用进一步发挥出来。

在未来，工业生产将更进一步实现智能化，工业机器人将得到更广泛的应用。在人工智能物联网的支持下，工业机器人与工业设备等可以完成完全的互联互通，并可对相关数据进行实时持续处理，从而进一步提高生产效率，降低成本，更好地服务于国民经济与国家安全等领域。

思 考 题

1. 简述系统集成技术、模块化设计与接口标准化的目的及意义。
2. 智能感知技术在未来还将会有哪些应用场景？请列举至少 3 条。
3. 请列举至少 5 条虚拟现实技术在智能制造过程中的应用场景，并简述其意义。
4. 人机交互技术在智能制造过程中的作用是什么？请结合制造过程中的各个环节详细说明。
5. 狭义云计算和广义云计算有什么区别？
6. 数据分析和人工智能的区别和联系是什么？

科学家科学史
"两弹一星"功勋科学家：王大珩

第 3 章

智能集成制造系统的建模与优化

PPT 课件

课程视频

智能集成制造系统是为了实现特定的价值创造目标，由相关的人、信息系统以及物理系统有机组成的综合智能系统，即人-信息-物理系统（HCPS），其中物理系统是主体，信息系统是主导，人是主宰。传统制造向智能制造发展的过程是从原来的"人-物理"二元系统（HPS）向新的"三元系统"HCPS 发展的过程。

在智能集成制造系统中，建模与优化是贯穿产品全生命周期不同阶段及整个系统的关键环节。智能集成制造系统内含有大量交互成分，如何优化复杂系统的整体性能成为系统研究领域的重要问题。利用数字孪生技术，可以实现现场数据的实时映射和闭环迭代，支持系统的运行优化决策，甚至实现自主智能决策。

总体而言，智能集成制造系统的建模、仿真和优化旨在帮助企业改善资源配置，提升产品研制、管理与服务的效率和质量，降低成本和能耗。通过优化制造系统的"六要素"（人、技术/设备、管理、数据、材料和资金）及"六流"（人流、技术流、管理流、数据流、物流和资金流），实现智能集成制造系统在时间（T）、质量（Q）、成本（C）、服务（S）、环境（E）和知识（K）等方面的最优运行，为企业形成市场竞争优势。

3.1 智能集成制造系统体系架构

智能集成制造系统体系架构随着市场需求的变化和技术的发展不断演进。本节主要讨论的是智能集成制造系统在智能化阶段（IMS2.0）的相关内容。

3.1.1 IMS2.0 体系架构

IMS2.0 体系架构是一个结合了 IP 多媒体子系统（IMS）和 Web2.0 技术的网络架构，旨在提供一个更加开放、灵活和高效的通信平台。

1. IMS

IMS，即 IP 多媒体子系统，是一种多媒体业务形式，旨在满足终端客户对新颖、多样化的多媒体业务的需求。作为 3GPP 组织制定的 3G 网络核心技术标准，IMS 已被 ITU-T 和欧洲电信标准化协会（ETSI）认可，并纳入下一代网络（NGN）的核心标准框架。IMS 被认为是实现未来固定/移动网络融合（FMC）的重要技术基础。

IMS 已经发展了 R4、R5、R6、R7 和 R8 等多个版本。IMS 采用全 IP 网络架构，利用 SIP 进行控制，可实现移动性管理、多媒体会话信令和载体业务传输，并实现端到端的 IP 业务。IMS 的系统架构由六部分组成，如图 3-1 所示。

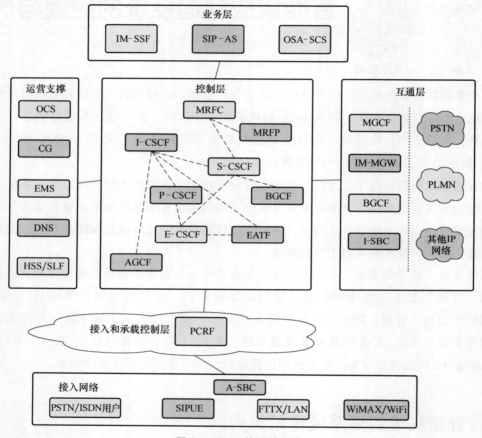

图 3-1　IMS 的系统架构

（1）业务层

业务层与控制层完全分离，主要由各种不同的应用服务器组成。除了在 IMS 网络内实现各种基本业务和补充业务（SIP-AS 方式）外，还可以将传统的窄带智能网业务接入 IMS 网络（IM-SSF 方式），并为第三方业务的开发提供标准、开放的应用编程接口（OSA-SCS 方式），从而使第三方应用提供商可以在不了解具体网络协议的情况下，开发丰富多彩的个性化业务。

（2）运营支撑

运营支撑由在线计费系统（OCS）、计费网关（CG）、网元管理系统（EMS）、域名系统

（DNS）以及归属用户服务器（HSS/SLF）组成，它们为 IMS 网络的正常运行提供了支撑。其支撑功能包括 IMS 用户管理、网间互通、业务触发、在线计费、离线计费、统一网管、DNS 查询和用户签约数据存放等。

（3）控制层

控制层完成 IMS 多媒体呼叫会话过程中的信令控制，包括用户注册、鉴权、会话控制、路由选择、业务触发、承载面 QoS、媒体资源控制以及网络互通等功能。

（4）互通层

互通层完成 IMS 网络与其他网络的互通功能，包括公共交换电话网（PSTN）、公共陆地移动网（PLMN）和其他 IP 网络等。

（5）接入和承载控制层

接入和承载控制层主要由路由设备以及策略和计费规则功能实体（PCRF）组成，可实现 IP 承载、接入控制、QoS 控制、用量控制和计费控制等功能。

（6）接入网络

接入网络提供 IP 接入承载，可由边界网关（A-SBC）接入多种多样的终端，包括 PSTN/ISDN 用户、SIPUE、FTTX/LAN 以及 WiMAX/WiFi 等。

2. Web2.0 技术

Web2.0 技术开启了互联网发展的新阶段，它通过网络应用促进了人与人之间的信息交换和协同合作。在 Web2.0 时代，用户不再是被动的内容接收者，而是成为了提供方，可以在线阅读、点评和制造内容，并且可以与其他用户进行交流沟通。

Web2.0 有九个特点：

（1）以用户为中心（User Centered）

与传统网站相比，Web2.0 网站更注重用户的参与和贡献，这些网站所有的或者大部分的内容是由用户生成的。

（2）提供网络软件服务（Software as a Service）

Web2.0 网站更像是一种纯粹的，以网络为平台的软件服务，而传统网站则更依赖于人工服务。

（3）海量的数据（Data is King）

Web2.0 网站倾向于"数据为王"，与传统的"内容为王"理念不同，它们通常具有巨大的数据库，并且其商业模式就是让用户消费这些数据。

（4）内容的开放性（Convergence）

Web2.0 网站鼓励用户添加和输出数据，并会提供 RSS 等手段供用户在其他地方使用它们的数据。

（5）渐进式的开发（Iterative Development）

Web2.0 网站会几乎不间断地一直开发，即不断有新功能提供，不断有新的变化。

（6）丰富的浏览器体验（Rich Browser Experience）

Web2.0网站的页面通常可以与用户互动，提供更加丰富的用户体验。

（7）多种使用方式（Multiple Delivery Channels）

Web2.0网站注重提供多种浏览方式，比如在手机上浏览，或者通过屏幕阅读器供盲人使用。

（8）社会化网络（Social Networking）

Web2.0网站加入了社交元素，让用户之间能够建立联系，满足用户的个性化需求。

（9）个体开发者的兴起（The Rise of the Individual Developer）

在Web2.0时代，小型开发团队甚至个体开发者也能够创造出有影响力的网站和服务。

3. IMS2.0体系架构的概念

IMS2.0体系架构的核心目标是将IMS和Web2.0结合起来，通过开放IMS给Web2.0，同时在IMS中采用Web2.0的一些规则，为用户提供一个有利于融合应用业务开展的环境。这种结合不仅能够促进新的服务和应用的快速开发，还能够降低运营商的运营和资本开支。

为了实现IMS与Web2.0的融合，可以采取以下六种策略：

1）采用Web2.0原则和技术：在IMS中采用Web2.0的原则和技术，如RESTfulAPI、HTML5和WebSocket协议等，以促进IMS服务与Web2.0应用之间的互操作性和集成。这包括开发新的服务模型，如基于Web2.0的Mashups和社交网络集成。

2）构建通用的服务独立功能实体：在IMS网络边界引入一个名为Web Session Controller的功能实体，用于处理信号级和媒体/传输级的交互，以控制Web-IMS通信，这种方法可以简化接口的构建，并考虑媒体/传输处理的需求。

3）利用虚拟客户端模型：通过部署虚拟客户端，可将大部分信令和会话维护负载转移到远程服务器上，实现IMS和Web服务的融合访问。这种模型允许在代理服务器上简单地部署IMS客户端和Web服务器，从而快速实现服务的混合。

4）开发和推广开放源代码的IMS系统：采用开放源代码的软件项目来实现紧凑型或原型化的IMS系统，以满足开发、测试和业务演示的需求。这种方法有助于降低部署成本，并加速新技术的采用。

5）创建收敛的应用框架：开发一个收敛的应用框架，以支持使用Web2.0和IMS创建Mashups的服务。这样的框架可以减少开发工作量，缩短上市时间，并实现服务的可移植性。

6）整合电信能力到Web2.0应用中：运营商应理解Web2.0的业务模式，并使用IMS网络搭建开放的业务架构，将互联网开发的能力整合到Web2.0的应用中。这有助于将电信能力和资源延伸到互联网，并进一步延伸到每个用户的所有终端。

通过上述策略，可以有效地将IMS开放给Web2.0，实现两者的融合。这不仅能够促进技术创新和服务多样化，还能够提升用户体验，满足现代通信用户对高质量多媒体服务的需求。

IMS2.0体系架构强调了网络融合的重要性，通过采用SIP进行呼叫控制，实现与接入无关的特性以及能够灵活提供多种业务的能力，IMS 被认为是实现下一代融合网络的核心技术。IMS2.0 体系架构不仅是一个单一的技术或平台，还是一个支持多种接入方式和服务的综合网络架构。

3.1.2 IMS2.0 技术体系

为了支撑 IMS2.0 的系统架构，对应的技术体系也将相应地发生变化。该技术体系总体框架包含系统总体技术、智能产品/设备专业技术、智能感知/接入/通信层技术、智能边缘处理平台技术、智能云端服务平台技术、智能产品/设备设计技术、智能生产/装备技术、智能经营管理技术、智能仿真与试验技术和智能售前/售中/售后服务技术等。

对这些技术的具体解释如下：

1）系统总体技术：包括新一代数字化、网络化、智能化技术引领下的智能制造模式、商业模式、系统架构技术、系统集成方法论、标准化技术、系统开发与应用实施技术以及系统安全技术等。

2）智能产品/设备专业技术：包括面向协同化、服务化、定制化、柔性化、社会化和智能化等发展新需求下的智能产品/设备专业技术。

3）智能感知/接入/通信层技术：包括新一代数字化、网络化、智能化技术引领下的各类感知器技术、传感技术和物联技术，以及传统的互联网、物联网、车联网、移动互联网、卫星网、天地一体化网以及未来互联网等。

4）智能边缘处理平台技术：包括新一代数字化、网络化、智能化技术引领下的边缘虚拟化服务、边缘人工智能引擎服务、边缘智能制造大数据引擎服务、仿真引擎服务、区块链引擎服务和边缘制造技术等。

5）智能云端服务平台技术：包括新一代数字化、网络化、智能化技术引领下的云端虚拟化服务，虚拟化制造服务云端环境的构建、管理、运行和评估技术，智能虚拟化制造云可信服务，制造知识、模型和大数据的管理、分析与挖掘服务，智能制造云端智能引擎服务，仿真引擎服务，人工智能引擎服务，普适人机交互技术等。

6）智能产品/设备设计技术：包括面向群体智能的设计技术，面向跨媒体推理的设计技术，物理与数字云端交互协同技术，基于数据驱动与知识指导的设计预测、分析和优化技术，云 CAE/DFX 技术，智能虚拟样机技术等。

7）智能生产/装备技术：包括智能工业机器人、智能柔性生产、智能机床、智能 3D 打印、面向跨媒体推理的智能生产工艺、基于大数据的智能云生产技术等。

8）智能经营管理技术：包括基于数据驱动与知识指导的智能项目管理、企业管理、质量管理和电子商务，基于大数据的智能云供应链管理、云物流管理、云资金流管理和云销售管理技术等。

9）智能仿真与试验技术：包括基于数据驱动与知识指导的智能建模与仿真技术，单件、组件和系统的智能试验技术，基于大数据的仿真与试验技术，智能仿真云技术等。

10）智能售前/售中/售后服务技术：包括基于大数据的智能售前、售中和售后综合保障服务技术，智能增值服务技术，智能云装备故障诊断、预测和健康管理技术等。

随着智能集成制造系统的进一步发展，将会涌现出更多的新技术与支撑技术，也将更加突出多学科、多领域跨界交叉融合的发展特点。

3.2　智能集成制造系统的建模

实验

智能集成制造系统的构建是一个全面性的挑战，它超越了单一技术瓶颈的克服，触及了企业乃至整个行业层面的诸多问题，如价值链的优化、资源的最优分配以及供应链的高效运营等。

在集成制造系统的发展中，根据多视图、多方位体系结构的理念，某些特定方面的建模方法已经发展得相当成熟。例如 IDEFO 用于构建功能模型，IDEF1X 用于数据模型的建立，IDEF3 用于过程模型的构建，GRAI 方法用于决策模型的构建等。集成建模方法的核心在于研究这些方法和模型之间的联系，以便在它们之间建立起有效的连接和相互映射。

从宏观的视角来看，智能集成制造系统的模型构建是对其整体理解的一种表达，该模型由多个子模型组成，包括功能模型、组织模型、信息模型和资源模型等。

如图 3-2 所示，在"设计-生产-服务"这一时间轴上，每个阶段都配备了符合其特定需求和特性的模型。这些阶段通过精心设计的链接和反馈机制相互衔接，确保了流程间的信息流通和功能互动，从而实现了跨阶段的相互支持，共同为企业的战略目标服务并进行优化调整。例如在生产流程中，上游环节会顾及下游环节的需求，而下游环节同样会参与上游环节的决策，这种双向互动会不断促进反馈循环，有效缩短产品从设计到上市的整个周期。

在系统建模对象及其相互关系的空间维度上，各类模型通过任务和功能的相互关联，构建起映射接口，进而形成一个复杂的网络结构。这一网络结构通过优化过程，剔除众多冗余环节和非增值活动，消除由人为因素和资源配置问题所导致的效率瓶颈，从而体现出集成化管理的战略目标，推动企业流程达到整体最优化。

随着移动终端、新型互联网技术、传感网络和智能感知设备等的飞速发展，智能集成制造系统在处理人、机、物和环境等元素时，面临着连续与离散、定性与定量、决策与优化等复杂机制的挑战。这些复杂性要求在系统建模时采用新的方法论，特别是那些基于大数据和深度学习的技术，它们为系统的认知、预测和建模提供了新的理论和方法论支持。这些技术手段使得智能集成制造系统能够更好地理解和预测复杂的系统行为，为建模和决策提供了更为强大的工具。

3.2.1　定量定性混合系统建模方法

随着对军事、金融和电信等应用领域的深入研究，人们认识到这些系统不仅复杂和不确

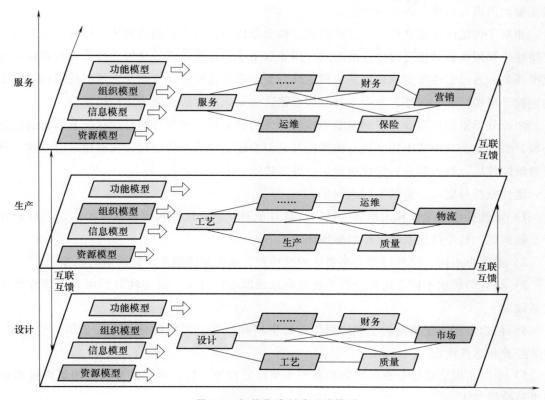

图 3-2　智能集成制造系统模型

定，而且常常不可预测，带有混沌性。传统的数学定量模型在描述这些系统时显得力不从心。对于这类复杂系统，人们往往不需要严格的数学描述，而是更倾向于定性的描述。研究人员对定性描述进行研究的主要原因如下：首先，复杂系统中难以获取构建定量模型所需的精确数据；其次，定性模型能够揭示一般性的解决方案，而不只是特定模型的特殊情况；最后，定性模型能够按照人类的思维方式进行推理。

1. 定量建模与定性建模的相关概念

定量建模是指设置一定的假设，依据统计数据，建立精确的数学模型，并用模型计算研究对象的各项指标、性能及其数值的一种方法，该方法通过数值来描述系统的问题与现象的关系。

定量建模的主要方法有下面三种：

1）调查法：这是一种古老的研究方法，它为了达到设想的目的，会制定一个计划去全面或比较全面地收集研究对象的某一方面的情况，并做出分析和判断，得到一个结论。

2）相关法：这是一种通过测量来发现事物之间关系的研究方法。其优点在于能表明相关的存在，可进行预测；其缺点在于难以进行控制，且发现的相关可能是巧合，不能证实因果关系。

3）实验法：这是指操纵一个或一个以上的变量，并控制研究环境，借此衡量自变量与因变量间因果关系的一种研究方法。

相对于传统的定量建模，定性建模通过概念分析和自然语言的描述建立模型，它克服了定量建模采用精确数值进行描述的弱点，用非数字手段处理输入、建模、行为分析和输出等模拟环节，通过定性模型推理出系统的定性行为。定性建模的优点在于它能够应用和处理不确定性、模糊性和非线性等知识，并能够根据这些知识产生所需要的定性结果。

定性分析是指依据分析者的直觉和经验，分析对象过去和现在的延续状况及最新的信息资料，根据社会现象或事物所具有的属性及它们在运动中的矛盾变化，从事物的内在规律分析对象的性质、特点和发展变化规律的一种方法。

定性分析与定量分析的不同点如下：

1）定性分析不能计算出精确的结论，具有预测性、主观性和探索性等特点，其目的在于了解问题，初步描述系统，得出感性认识。

2）着眼点不同。定性模型是事物的质的模型，而定量模型是事物的量的模型。

3）研究的层次不同。定量分析能够准确地辅助定性分析，而定性分析可为定量分析奠定基础。

4）依据不同。定量分析主要依据实际的资料和数据，而定性分析主要依据历史事实、生活经验和感性认识。

5）手段不同。定量分析运用数据模型和统计分析等方法，而定性分析运用逻辑推理和历史经验等方法。

6）学科基础不同。定量分析以概率论和社会统计学等为基础，而定性分析以逻辑学和历史学为基础。

7）结论表述形式不同。定量分析以数据和图表等来表达，而定性分析多以自然语言描述为主。

定性分析为定量分析提供了坚实的基础，但要实现对数据的精确解读和分析，定量分析的运用同样不可或缺。定性分析可以划分为两个主要层次：其一是不依赖或缺少量化分析的纯粹定性研究，这类研究的结论倾向于广泛性和哲学性；其二是在定量分析的基础上进行的更深入的定性分析，它能够提供更为丰富和细致的见解。在工程研究的实践中，定性与定量分析往往相互配合，相辅相成。

定性与定量集成分析模式可细分为三种类型，如图3-3所示。第一种是定量到定性的分析路径，这一模式首先应用定量分析方法来揭示问题的基本数字特征，随后通过定性分析来评估这些定量结果是否与常识相符，是否与现实应用场景贴近。第二种则是定性到定量的分

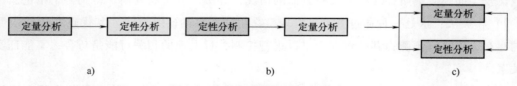

图 3-3　定性与定量集成分析模式

析路径，它从对问题的直观理解出发，通过定性分析来构建一个概念框架，然后借助定量分析来细化并精确化这一框架。第三种是定性与定量分析的并行模式，即两种分析同时进行，相互之间提供验证和补充，共同促进对问题的全面理解，但这种模式在实际应用中较少见。在工程实践中，通过不断循环迭代和修正，可以逐步深化对问题的认识，提升分析的精准度和有效性。

2. 定量建模方法研究现状

在多学科系统建模的领域内，根据不同的系统抽象方法，可以归类出四种主要的建模类型：

1）物理系统的结构行为直接建模：这种方法采用图形符号来直观地表示系统中的各个组成部分及其动态运行特性。它包括了键合图方法、系统图方法和混合 Petri 网方法等，这些方法能够为系统的结构和行为提供一个清晰的视觉表示。

2）依据离散或连续特性的建模：这种建模方法适用于那些由连续时间和离散事件共同构成的复杂混合系统。为了实现高精度的系统仿真，必须精确地表示出系统的连续和离散特性。DESS（Discrete Event System Specification）、混合状态机和 COSIM（Concurrent Simulation）建模技术便是此类建模的典型代表。

3）依据模型内部变量或元素的因果关系建模：这种方法主要分为程序式建模和声明式建模两种形式。程序式建模侧重于指定变量间的依赖关系和求解顺序，但这种形式在模型重用性和符号处理方面存在局限。相对而言，声明式建模通过方程组来表达系统模型，不受变量的因果关系的限制，使仿真引擎能够在仿真运行时将方程组转化为计算机程序。

4）面向对象的软件建模方法：这种方法因其在对象创建和维护上的简便性，也被广泛应用于系统建模中。这种方法能够为系统建模带来模块化和可重用性的优势。

通过这些多样化的建模方法，研究者和工程师们能够针对特定系统的特点和需求，选择合适的工具和框架，实现精确和高效的系统建模。

3. 定性建模方法研究现状

定性建模是建立定性物理模型的过程，其核心内容在于如何把整个系统分解为相互独立的单元，且从单元行为及其相互关系中推理出系统的行为，它是建模思想与人工智能思想的一种结合。

定性模型根据控制的对象和目的，可划分为以下四种：

1）基于量空间的定性建模：量空间是对变量状态空间进行映射和划分的结果，即映射 $q_y : R^n \to \tilde{Y}_d$，$\tilde{Y}_d$ 为不相交相连的有限集。量空间的定性建模适合仅知参数变动范围的定性建模，缺点是单独使用该方法时，要求系统的状态是定量可测的。

2）基于非因果关系的定性建模：非因果类建模描述系统时，不需明确指出系统内部状态变化过程的因果关系。此方法主要来源于定性物理方法的研究，包括基于流的概念、以组员为中心的方法、基于定性微分方程的方法和以定性过程为中心的方法等。

3) 基于因果关系的定性建模：此方法以有向图为基础，包括基于定性传递函数的建模、利用 Petri 网的建模、利用不确定性自动机的建模等多种方法。系统结构由图形化的因果关系表示，图形中的节点表示变量，节点间用有向弧（线）进行连接，表示变量间的相互关系。

4) 基于状态转换概率的定性建模：系统的变量通常具有多个定性状态，这些状态的组合构成了系统的定性状态。该方法通过对系统的定性模型进行仿真，计算出相应的状态转换概率，并在此基础上根据相应策略，构建和制定控制规则。

模型是对实际应用系统中特定属性的详细描述，它采用确定的形式——无论是自然语言、图表、数学公式还是其他方式来构建系统的表现。这样的模型就是人们理解各个领域系统的强大工具。当人们需要深入理解领域系统中的具体对象和它们随时间的动态变化时，通过模拟这些变化并创建相应的系统模型，人们可以进行详尽的分析，从而洞察系统随时间演变的过程，增进人们对世界的认识。

在处理复杂定性模型的应用问题时，可以采用定性推理机制和定性仿真技术，这些技术被巧妙地融入了传统控制系统的架构之中，这促成了定性系统建模、定性控制器设计和定性系统分析等领域的形成，并在这些领域中取得了初步的成果。

与定量建模技术相比，定性建模技术在捕捉复杂系统中的模糊性、不确定性和显著非线性特征，或者在系统机理信息不完整的情况下，提供了更为有效的描述手段，特别是在涉及智能系统或人类行为的复合系统中，建模的重点往往放在系统的定性结果上，定量计算仅作为补充。因此，将定量模型与定性知识相结合，以全面描述系统并进行联合仿真，已经成为复杂系统研究的一个关键方向。虽然现有的建模技术已经在处理连续系统、离散系统以及它们的混合形式方面取得了不错的进展，但在定性与定量混合系统的建模方面，仍然需要更多先进技术的支持。

3.2.2　基于元模型框架的建模方法

元模型，作为模型的"模型"，扮演着定义模型概念和构建领域特定元素的关键角色。可以将元模型视作模型的蓝图，而模型则是基于元模型的具体实现。通过元模型所提供的结构化模板和概念框架，人们能够对模型进行更高层次的抽象，这不仅有助于阐明模型间的内在联系，还促进了模型之间交互的深入理解。元模型和模型相比，具有更好的扩展性与灵活性，可以扩展并适应多种模型描述语言。

基于元模型框架的建模方法，致力于探索如何利用元模型的高级抽象能力，实现多学科、异构、自组织的复杂系统的综合仿真建模。这种方法涵盖了多学科统一建模的策略，专注于如何在一个统一的框架下整合连续的、离散的、定性的和定量的多学科模型。此外，该方法还包含了复杂自适应系统的建模策略，这涉及研究系统中不同组件间的感知、决策和交互机制，以及如何将这些机制融入一个协调一致的仿真模型中。

3.2.3　基于大数据智能的建模方法

大数据建模与传统的数据建模相比，需要处理的数据规模更大，技术要求也更高。在互联网领域，Dean 等人创建的大数据处理平台 Hadoop 具有可扩展性、安全性及高效性，Hadoop 和数据库连接、索引构建及数据挖掘等是目前研究的热点。

随着数据的爆发，学者们研究了高速的大数据建模算法，比如并行处理的迭代聚类分析算法、基于 MapReduce 的层次聚类分析算法等。MapReduce 作为具有代表性的批处理框架，致力于实现大数据的并行处理，Condiel 等人引入了管道的概念，使得各个任务间的数据交互可在管道中进行，这不仅增加了任务的并发性，更提高了实时数据处理的可能性。互联网领域的大数据技术着重于非结构化数据的处理，而工业大数据建模面向产品的全生命周期，而且数据结构复杂，需要更深入的数据建模方法。

以车间数据的统一建模为例，在车间制造生产的场景中，存在一个极具挑战性的环境，它包括技术的复杂性、对精密工艺的高标准要求，以及数据来源的广泛性。物料、设备、人员、环境和知识等因素构成了工业数据的多源性、异构性和海量性。当前，由于缺少一个统一的数学模型，生产过程中的数据共享和交互在不同阶段、部门乃至企业间很难实现，这导致了信息孤岛的产生。因此，人们迫切需要对车间数据进行细致的分类和分析，以构建一个统一的大数据模型。这样的模型不仅能够支持各阶段、各部门以及企业间的信息共享，还能为数据的分析、挖掘和管理奠定坚实的基础。

在建模方法上，现有的技术主要可以分为元建模和本体建模两种。元模型通常由实例层、模型层、元模型层和元元模型层组成，它能够实现数据的共享、集成、查询和交换等。例如，Jun 等人采用适应性元模型，成功地将 CAD 数据等领域模型与程序代码分离，实现了数据对象的快速重建。

与元建模相比，本体建模在知识表达和逻辑推理方面展现出更大的优势。鉴于制造设备的使用受到空间和位置等因素的限制，必须通过虚拟化、封装和发布相关的制造能力服务来满足用户的多样化需求。尽管目前在制造装备和工业数据建模方面已经取得了一定的进展，但对于结构、工艺和工序高度复杂的机械装备制造产品，以及更为烦琐的加工过程，现有的数据建模方法可能难以满足需求。此外，现有的数据建模大多集中于企业级和单元级的建模，而针对车间级制造服务的描述方法的研究相对较少。因此，对车间大数据进行描述并建立统一模型变得尤为关键。

3.2.4　基于大数据和知识混合驱动的建模方法

当代系统认知、管理与控制的核心理论、方法和技术已经转移到大数据和人工智能技术上，这导致当前人工智能技术条件的局限与复杂系统认知、管理和控制的需求之间形成了一道鸿沟。因此，现实的需求催生了人工智能的一种新型形态——人机混合增强智能形态，即人类智能与机器智能协同贯穿于系统认知、管理和控制等过程的始终，人类认知和机器智能认知互相混合，形成的增强型智能形态，是人工智能或机器智能可行的、重要的成长模式。

在一个系统中，各个组成部分的物理原理、系统生成的可观测数据，以及系统运行过程中积累的知识经验，共同构成了对该系统进行深入分析和有效管控的关键要素。此外，人机混合增强智能技术能够全面地处理和协同运用这些物理机制、观测数据以及人与机器智能产生的知识。通过将这些元素整合进系统的复杂管控流程和任务执行中，人们能够实现对系统的全面认知、精细管理和精准控制。

基于大数据和知识混合驱动的建模方法框架，如图 3-4 所示，它主要由以下五个核心部分构成：

1）可信的分布式数据、计算和算法：分布式且可信的数据采集、存储、计算、处理和下发构成了 PDK 方法的信息基础和底座。工艺设计套件（Process Design Kit，PDK）是半导体行为中用于芯片设计和制造的重要工具。

2）物理深度学习（Physics-Informed Deep Learning，PIDL）：新型的、可以融合物理机理与数据驱动的系统建模方法为 PDK 方法在小样本及样本失衡等限制下对真实系统的建模提供了解决方法。

3）融合系统运行规则的混合型深度强化学习（Deep Reinforcement Learning DRL）：DRL能提升管控策略的鲁棒性和合理性，为加快其收敛速度提供了新方法。

4）从知识图谱到因果分析：描述本体特征和实体间关联关系的知识图谱在融合了因果分析方法后，可以实现从 If-Then 到 What-If 的智能跃迁，并具备迁移推理的能力。

5）可解释性 AI 与数字人：在 PDK 方法中，可解释性技术成为了人机智能和知识的交互接口，而新兴的数字人技术则成为天然满足人机智能交互需求的智能接口技术。

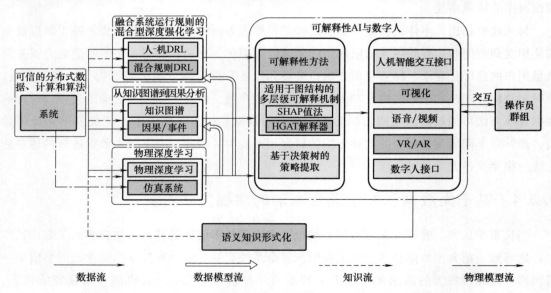

图 3-4　基于大数据和知识混合驱动的建模方法框架

3.3 智能集成制造系统的系统优化

智能集成制造系统是一种高度自动化、智能化和网络化的制造模式，旨在提高生产效率、降低成本和提升产品质量。智能集成制造系统能够实现对制造过程的全面优化，提高企业的核心竞争力。

智能集成制造系统由智能设备、传感器、执行器和控制系统等多个部分组成。智能集成制造系统具有自动化、智能化、柔性化和可视化等多种特点。智能集成制造系统能够实现生产过程的全面数字化。

智能集成制造系统基于先进的信息技术、人工智能技术和物联网技术等。智能集成制造系统需要借助大数据和云计算等技术进行数据分析和处理。智能集成制造系统需要依靠先进的算法和模型进行智能决策和控制。

系统优化的目标与原则如下。

1）提高生产效率：减少生产停机时间，优化设备调度和排产，提高设备利用率。

2）降低生产成本：减少原材料浪费，降低能源消耗，减少退货和维修成本。

3）提高产品质量：优化生产工艺，加强生产过程中的质量监控，提高员工技能和意识。

4）增强生产灵活性：提高生产线的可重构性，采用模块化设计，加强信息系统建设，实现生产数据的实时采集和分析。

5）保障生产安全：加强设备维护和保养，确保设备安全运行，提高员工安全意识，加强培训，建立完善的安全管理制度和应急预案。

6）促进可持续发展：采用环保材料和工艺，优化能源结构，提高能源利用效率，加强废弃物回收利用，实现资源化处理。

系统优化的方法与技术如下。

1）线性规划：这是一种优化线性目标函数的方法，它受到一系列线性不等式的约束。在智能集成制造系统中，线性规划尤其适用于资源分配、生产计划和调度等场景。其关键内容包括单纯形法和内点法等，这些内容可以帮助人们找到最优解决方案。

2）整数规划：这种方法要求模型中的部分或全部变量取整数值，非常适合处理离散的决策问题。在智能制造中，整数规划在生产调度、设备选型和人员分配等问题上发挥着重要作用。其关键内容包括分支定界法和割平面法等，这些内容提高了问题求解的效率和准确性。

3）动态规划：动态规划是一种强大的数学工具，用于解决多阶段决策过程中的优化问题。在智能集成制造系统中，动态规划可以有效地解决设备维护、库存控制和生产调度等问题。状态转移方程和最优性原理是实现动态规划的关键。

4）遗传算法：这种算法模仿自然选择和遗传机制，可用于解决各种复杂的优化问题。在智能集成制造系统中，遗传算法可以应用于多目标优化、生产调度和路径规划等场景。编码方式、适应度函数和遗传操作是实现遗传算法的关键。

5）粒子群优化算法：这是一种启发式搜索算法，它通过模拟鸟群或鱼群的社会行为来寻找最优解。在智能集成制造系统中，粒子群优化算法适用于机器参数优化、路径规划和资源分配等问题。粒子速度和位置的更新公式、惯性权重和学习因子是该算法的核心组成部分。

6）模拟退火算法：这种算法借鉴了材料科学中的退火过程，可用于解决复杂的组合优化问题。在智能集成制造系统中，模拟退火算法可以帮助解决生产调度、设备布局和路径规划等问题。初始温度、降温速率和邻域结构的设定是该算法成功应用的关键因素。

3.3.1 优化场景和优化决策数据

优化场景根据工业企业的范围，覆盖研发、生产、供应链、销售、服务、固定资产和法律法规等环节。优化决策系统根据优化场景和优化决策模型的要求，采集需要的优化决策数据，并根据待优化决策事项的影响来定义不同的优化决策等级，随着优化决策等级的提升，对优化决策模型的风险评估标准也将相应提高，从而保障决策的质量和企业的稳健发展。

1. 优化场景

（1）生产运行管理

生产运行管理是整个企业管理工作中的重要组成部分。企业管理的目标是以有限的资源通过合理、有效的配置与应用，不断满足用户需求，追求企业经济效益和社会效益的最大化。生产运行管理是企业管理系统的一个子系统，其主要任务是根据用户需求，通过对各种生产因素的合理利用和科学组织，以尽可能少的投入，产出符合用户需求的产品。生产运行管理是对企业生产活动进行计划、组织和控制等全部管理活动的总称。概括地讲，凡与企业生产过程有关的管理活动都包括在生产运行管理的范畴之内，如产品需求的预测、产品方案的确定、原材料的采购与加工、劳动力的调配、设备的配置与维修、生产计划的制订和日常生产组织等。

（2）协同工艺设计

目前很多企业的工艺设计系统建立在固定制造资源的基础上，很难适应制造资源随时间变化的动态特性，同时在传统的制造模式下，企业的制造资源模型是根据各个阶段、各个部门和各个计算机应用子系统对制造资源信息的需求来制定的，并建立了相互独立的制造资源模型和数据库，从而造成了制造资源不统一和大量数据冗余的问题，无法有效支持工艺设计与其他生产活动的协同。

（3）先进计划调度

在当今的制造业中，多品种小批量的生产模式已成为新常态。在这种模式下，数据的精细化、自动化采集，以及数据的及时性、便利性和多变性，导致了数据量的爆炸式增长。同时，数十年间积累的信息化历史数据，也为高级计划系统（Advanced Planning System，APS）带来了前所未有的挑战。APS 需要快速响应并精确处理这些庞大的数据，以制定出高效的生产计划。

对于那些生产多种复杂产品的制造商而言，无论是定制产品还是以销定产的产品，都潜藏着更大的利润空间。然而，如果生产过程规划不合理，也可能导致生产成本的急剧增加。利用高级分析工具，制造商可以制定出合理的生产计划，最小化对现有生产计划的影响，并将规划细化到设备运行、人员配置乃至店面管理的级别。

以电力生产为例，传统的调度和控制主要依赖于调节发电机组来平衡发电与用电。但是，随着风电等间歇性能源在电网中的比例日益增加，传统模式已不足以应对挑战。在未来，需求侧的可控资源也将成为电网调度计划和电网实时控制系统的一部分。需求侧资源种类繁多、数据量大且分布广泛，利用大数据技术综合分析全网负荷与需求侧资源信息，可以优化从实时到日、月和年等不同时间尺度的调度与控制决策。这不仅提升了电网的全局态势感知能力和快速准确的分析能力，还增强了全网统一控制决策的能力，在确保电网安全、经济且环保运行的基础上，实现了资源的广泛优化配置，并且能够最大限度地接纳可再生能源。

（4）物流优化管理

物流优化管理是现代企业提升效率、降低成本的关键环节。通过大数据的深入分析，企业能够显著提高仓储、配送和销售的效率，同时大幅降低成本，有效减少库存，进一步优化整个供应链。利用销售数据、产品传感器数据和供应商数据库等丰富的信息资源，制造企业能够精确预测不同市场区域的商品需求，实现对库存和销售价格的实时跟踪，从而节约大量的成本。

随着生产需求的日益复杂化，车间物料需求计划（MRP）系统成为发挥数据价值、提升决策效率的重要工具。一个高效的 MRP 系统能够整合企业的所有计划和决策业务，包括需求预测、库存计划、资源配置、设备管理、渠道优化、生产作业计划、物料需求与采购计划等，这将彻底改变企业的市场边界、业务组合、商业模式和运作模式。

建立稳固的供应商关系，并通过信息交互消除双方的不信任成本，是优化供应链管理的关键。双方库存与需求信息的共享，以及供应商库存管理机制的建立，将有效降低因缺货导致的生产损失。部署供应链管理系统时，需要存储并利用资源数据、交易数据、供应商数据和质量数据等，以跟踪供应链在执行过程中的效率和成本，确保产品质量。

为了保持生产过程的有序和平稳，企业需要综合考虑订单、产能、调度、库存和成本之间的关系，采用数学模型、优化和模拟技术，为复杂的生产和供应问题提供优化解决方案。这不仅能够提升物料供应的效率，还能优化生产订单的处理，实现生产与供应链的高效协同。

（5）质量精确控制

制造业当前正处于大数据浪潮的前沿，这一变革正在产品研发、工艺设计、质量管理和生产运营等多个关键领域催生对创新解决方案的迫切需求。特别是在半导体行业，芯片生产过程中的掺杂、增层、光刻和热处理等工艺步骤，每一步都要求达到极为严格的物理标准。在这一过程中，自动化设备不仅制造产品，还会产生海量的检测数据。面对这些数据，企业需要决定是将其视为负担，还是挖掘其潜在价值。如果是后者，那么企业应如何迅速而准确地从这些数据中洞察影响产品质量的关键因素？

传统的工作流程要求逐一计算每个过程的能力指数，并分别评估各项质量特性。这种做法不仅工作量巨大，而且烦琐复杂。即便能够处理这些数据，要从中发现不同指数间的关联并全面理解产品的总体质量性能也非易事。但现在，借助大数据质量管理分析平台，不仅可以迅速获得详尽的传统过程能力分析报告，还能从同一数据集中挖掘出更多新颖而有价值的分析结果。

1）质量监控仪表盘：质量监控仪表盘的布局能够随现场布局的调整而动态变化，并可通过鼠标单击获取更多的信息，比如双击可查看异常数据细节和控制图。

2）控制图监控与质量对比：系统提供多种控制图，并可定制各种判异准则，还可以在同一控制图中实时显示多个序列，以帮助实时比较不同机台的质量表现。系统还支持基于属性分组的动态监控，并且支持自动计算控制限。

3）质量风险预警：系统能够及时识别并预警潜在的质量风险，从而显著降低缺陷、返工、报废和客户投诉。预警方式有很多种，包括电子邮件、工控灯、自动打印的质量问题通知单，以及虚拟红绿灯等。

4）质量报告：质量报告不仅包含基础数据，还集成了丰富的分析结果，如过程能力指数、统计中位数、分位数、极值、抽样方法、异常判断标准的违反情况和质检结果等。此外，系统还支持报告模板的导入，能够跨部门乃至跨数据库汇总和分析数据，制作出形式多样的质量报告。

2. 优化决策数据

（1）人工智能技术优化

实现人工智能技术优化，需选取能够处理多个目标识别的方式，使目标相互制约。这一过程首先涉及将多个目标整合为单一目标，进而探索共同的优化空间。利用多输出人工神经网络，并结合遗传算法，可以高效地寻找到问题的最优解。面对样本数量差异较大的情况时，应根据样本处理的紧迫性来安排它们的分析或处理顺序。执行数据预处理操作，将样本标准化，以此实现数据的标准化。在语音输入时，可根据声波的频率和音量判断声音的主次，进行除噪处理，对于离群样本和迷途样本，可用模糊理论中的隶属度概念来识别并删除，连续量目标的样本噪声用匹配度识别实现噪声过滤。

经过优化的人工智能技术，已经解决了功能单一的问题，能够根据语音输入的顺序，依次处理一次性输入的多个指令，实现多功能并行处理。为了增强防范能力，可以对系统进行优化，以监控所有任务的执行，并利用机器人技术增强安全防护。人工智能技术优化的实现，始于对输入数据和语音指令的处理。通过文字输入或语音输入采集任务指令，当采集到的指令为语音时，需要进行数据转换。数据挖掘则依赖算法来实现，即对所有数据进行分类，识别信息类型并执行任务。

为了保证整个人工智能技术系统的安全运行，需要设置防范攻击功能来维持工作环境，防范攻击功能即智能分辨设备中的垃圾软件，自动排除危险信息。在模糊数据处理和防火墙信息识别过程中，人工智能技术发挥着关键作用。在检测设备故障时，可以利用人工智能自带的入侵检测功能，通过编程处理数据，分析潜在的安全漏洞，从而妥善解决网络安全管理问题，确保系统的正常运行。在功能实现后，应存储指令的整个执行过程的数据，以便为未来的类似任务提供处理参考。大数据存储通常采用并行数据库技术，这种技术通过在多个节点上并行处理数据，能够显著提高数据库的读写速度和并发处理能力，从而提供高效的使用性能。

（2）数据存储优化

1）云计算优化：云计算主要基于互联网技术，可为用户提供服务、使用和交互。其动态、增殖和虚拟化的资源由互联网提供，其中，"云"是互联网和网络的比喻，主要是互联网和基础设施的抽象表现。在 1961 年，约翰·麦卡锡（John McCarthy）提出"计算机实用程序可能成为一个新的重要行业的基础"，暗示了云计算的基本概念。然而，直到 2006 年，"云计算"才被 Eric Schmidt 正式提出。

如今，云计算是指一种完全基于支付的网络模型，可提供方便、可用且按管理所需进行的网络计算访问，用户仅需要与供应商进行简单交互就可以访问可配置的计算资源池。另外，云计算还具有超大规模、虚拟化、高可靠性、通用性、高扩展性、按需服务和低成本的优势。

云计算是物联网进行海量数据处理和分析的大脑，物联网技术在融入云计算之后，发展突飞猛进，不仅在技术手段上降低了难度，还有效地发挥了物联网技术在应用领域的优势。无论是计算能力还是存储能力，云计算的高效率都能很好地满足物联网的需求。

2）物联网数据通信与存储架构优化：传感设备作为物联网的神经末梢，是分布式的电子设备，负责捕获环境数据并生成信息。然而，这些设备的计算能力、内存和资源通常受限。云端则由专业的互联网服务提供商或第三方云服务公司运营，拥有强大的资源和深厚的专业知识，可提供云计算服务。它们向用户收取相应的数据存储和访问费用，扮演着数据存储和处理的中心枢纽角色。

数据应用程序则是这一架构中的大脑，它们需要检索传感数据来分析软件系统或设备的状态和性能。不同的应用程序根据其特定的需求，对数据有不同的要求。

图 3-5 所示为物联网数据通信框架，它描绘了从传感设备接收信号、生成数据，到数据被建模为不可预测的事件序列，最终传输至云端的过程。鉴于云端资源和预算的限制，并非所有生成的数据都会立即被通信传输或存储。但是，为了确保数据处理的公平和效率，所有数据都应依据统一的概率标准进行传输和存储。

最终，数据应用程序可以从云端获取其所需的全部或部分数据，由此进行进一步的分析和处理，以满足特定的业务需求。这种优化的架构不仅提升了数据通信的效率，也加强了数据存储和处理的能力，为物联网的广泛应用打下了坚实的基础。

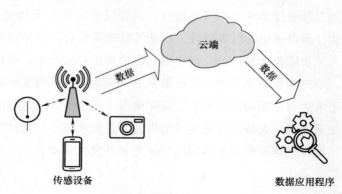

图 3-5　物联网数据通信框架

当数据通信与存储架构被优化后，主要可分为数据通信、计算和存储三个部分。用于查询数据通信信息的客户端软件可以生成通信信息并获取功能区域。更重要的是，其计算核心是一个基于 Linux 操作系统的分布式存储系统，其中 Xen 虚拟机的关键部分是存储部分。NameNode（名称节点）管理着相应的 HDFS 集群，可以存储和管理海量的数据信息。

3）物联网数据存储分布策略优化：基于上述优化的数据通信与存储架构，采用哈希算法重新优化数据存储分布策略。此策略的实施涉及采用 Hadoop 分布式文件系统（HDFS）来实现数据的分布式存储，这为处理大规模数据集提供了强大的支持。

为了提高数据通信效率和数据处理效率，采用高性能，数据结构维护成本低的哈希算法来优化数据存储分布策略，可以大大减少物联网节点故障和数据信息迁移造成的节点增加。

3.3.2　优化决策模型

决策是一项在特定情境下对多个可行方案进行分析和比较，以选择最佳方案的复杂过程。而预测则通过深入分析目标对象的历史数据、内在机制和发展趋势，以更高的概率描述对象在未来某一时间点的状态和特征。预测是决策过程中不可或缺的一部分，它为科学决策提供了必要的信息和依据，旨在提升决策的有效性和效率。在当前的管理科学领域，数据驱动的预测和决策模式已成为主流。人工智能技术的融入，进一步提升了数据处理的效率，并使得预测更加精确，决策结果更加智能化。人工智能的核心优势在于其能够高效地将数据转化为预测，并将预测转化为决策，实现了数据-预测-决策流程的无缝衔接。

随着人类社会进入大数据时代，人们拥有了更多种类、更广泛来源、更丰富维度、更大规模、更宽泛范围和更快速时效的数据。这些数据为科学预测和决策优化提供了前所未有的支持。尽管人工智能在大数据背景下并未改变预测与决策的根本逻辑，但它在处理大规模数据集、挖掘低价值密度数据中的有效信息、处理多样化的数据类型、处理实时动态在线信息以及拟合非线性数据等方面，显著提高了传统预测方法的性能，优化了预测与决策的速度和精度，从而显著提升了决策的效率和效果。基于人工智能的预测与决策优化理论和方法的研究，正在成为管理科学领域的一个新兴且重要的分支。这一研究领域专注于探索大数据时代下，预测如何支撑决策活动的本质规律。它不仅是人工智能引发科学突破的关键环节，也是推动预测科学和决策科学发生变革的理论基础。

3.3.3　优化策略

对于预测与决策优化问题，已有的研究经历了经验驱动、模型驱动、数据驱动和数据特征驱动四个不同的研究范式，具体区别见表 3-1，人们对前三种范式已经进行了大量研究，但数据特征驱动范式是对数据驱动范式的细化，尚在不断发展之中，近年来也成为了一个热点研究方向。

表 3-1　四种不同的预测与决策优化研究范式对比

研究范式	经验驱动	模型驱动	数据驱动	数据特征驱动
建模任务	经验总结提炼	优化机理结构	预测未来趋势	预测未来趋势
模型特征	经验规则	不确定性决策	预先定义模型	基于数据本身的特征进行模型选择
可解释性	白箱	白箱	黑箱	黑箱
特点	结论特殊,无一般性	结论直接,有一般性	数据涌现,结论间接	模型与数据适配,结论间接

目前，智能预测与决策优化的研究领域已经广泛地应用了明显的领域知识，这些知识在提高智能预测与决策优化的性能方面发挥了关键作用。然而，尽管已有显著进展，预测的准确性和决策的精确度仍有提升空间。因此，挖掘和应用隐性领域知识变得尤为关键。因此，如何发现和表征隐性领域知识，并根据领域知识的特征选择不同的智能预测与决策算法，以及如何发挥不同领域知识依赖的智能算法的优势，提升预测与决策优化效果，是当前有待解决的问题。

在仿真和风险评估之后，如果策略符合企业设定的规则范围，则可以自动执行；如果策略超出了预定的风险边界，则需要引入人工决策。

3.3.4　决策执行系统

决策执行系统是集多种技术（如供应链管理技术、信息交流技术、生产管理技术和物流控制技术等）于一体的复杂系统，且系统内部含有大量交互成分、大量复杂的结构和多种因素的扰动。如何优化复杂系统的整体性能，成为系统研究领域的重要问题，因为仿真技术能够仿真一个传统数学模型无法描述的复杂系统，也可以精确描述复杂系统的实际流程，从而确定影响复杂系统中各种活动的关键因素，所以仿真技术对于整个复杂制造体系的任务策划、设计与实验等阶段都具有关键性的意义，被认为是目前最有效且已被广泛应用的解决途径之一。

随着技术的不断更新，尤其是人工智能技术的发展和应用，智能集成制造系统后续的优化方向如下：

1）制造领域协同多源，互联知识数据急剧增长，集成的广度和深度不断加强，连接和相互的映射关系更加复杂，需充分集成大数据智能、群体智能、人机混合智能、跨媒体推理和自主智能等新一代人工智能技术到智能集成制造系统中，实现企业制造优化过程的自主演化和智能决策。

2）在产品设计、产品研发、生产过程和制造服务等产品全生命周期中，使用互联技术，让产品和生产系统的数字空间模型和物理空间模型中的数据处于实时交互、反馈和闭环优化中，让制造过程的各个局部环节可以随时参与整体优化，实现动态、实时、智能的系统优化目标。

3）从企业上升到行业甚至社会，解决高频实时、深度定制化、全周期沉浸式交互、跨组织数据整合、多主体决策特性的精准协同等问题，实现产业链上下游的组合优化与决策，提升全产业链的管理水平，促进社会资源的实时优化配置。

3.4 智能集成制造系统的数字孪生

实验

数字孪生技术（Digital Twin）的兴起为复杂机械装备的设计理念与实际运行状态的一致性表达提供了一条切实可行的路径。数字孪生是一种利用数字技术来描述和模拟物理对象的特性、行为和性能的方法及过程，它被广泛认为是实现信息与物理融合的关键技术。

目前，智能集成制造系统通过工业互联网实现了设备的广泛连接，海量的工业数据得以汇聚，这为系统中的设备、产品、人员和业务之间的连接奠定了基础。在此基础上，通过数字化手段在虚拟空间中创建物理实体的映射，利用多层次、多学科且动态演进的数字孪生技术，可以实现对系统的建模、仿真和优化。

数字孪生的概念最早由 Michael Grieves 提出，当时称为信息镜像模型（Information Mirroring Model），后逐渐发展为数字孪生。数字孪生技术充分利用了物理模型、传感器数据和运行历史等信息，整合多学科、多尺度的仿真过程，在虚拟空间中为实体产品提供了一个镜像，可以反映相应实体产品的全生命周期。

数字孪生模型在设计和制造阶段建立，并在产品的生命周期内不断演进和扩展。它涵盖了产品从设计、制造、交付、使用到报废回收的模型和数据信息，形成了与实体产品及其生产过程相对应的实时数据映射、分析预测和优化流程。

3.4.1 西门子数字孪生案例

西门子公司在市场上提出的数字孪生模型概念，是一种基于模型的虚拟企业与基于自动化技术的现实企业结合而成的创新模式。它包括产品数字孪生、生产数字孪生和设备数字孪生三个层面，这三个层面又高度融合成一个统一的数据模型。通过数字化手段，企业能够整合其横向和纵向的价值链，从而提升整体运营效率。

数字孪生技术将不同领域的专业技术整合成一个统一的数据模型，并将产品生命周期管理软件（PLM）、生产运营系统（MOM）以及全集成自动化（TIA）集成在一个统一的数据平台上。此外，根据需求，还可以将供应商纳入该平台，实现价值链数据的整合。

1. 产品数字孪生

在产品设计阶段，数字孪生技术的应用可以显著提升设计的精确度，并在模拟的真实环境中验证产品的性能。在这一阶段，数字孪生的关键能力包括数字模型设计、模拟和仿真，以确保产品在设计阶段就具备良好的适应性。图 3-6 所示为汽车仿真分析实际应用。

图 3-6　汽车仿真分析实际应用

2. 生产数字孪生

在产品生产阶段，设计、仿真和验证的主要对象是生产系统，这包括制造工艺、制造设备、制造车间以及管理控制系统等。通过应用数字孪生技术，可以缩短产品上市的时间，提升产品设计的质量，降低生产成本，并加快产品交付的速度。这一技术的应用不仅优化了生产流程，还提高了整个制造过程的效率和响应速度。某汽车发动机生产线数字孪生系统如图 3-7 所示。

3. 设备数字孪生

在产品运行过程中，设备数字孪生能够实时地将设备运行数据传输至云端，实现对设备运行的优化、可预测性维护与保养。此外，通过分析设备运行数据，还能对产品设计工艺和制造过程进行迭代优化。设备数字孪生能帮助用户更快地驱动产品设计，以获得成本更低且更可靠的产品，西门子设备数字孪生流程图如图 3-8 所示。

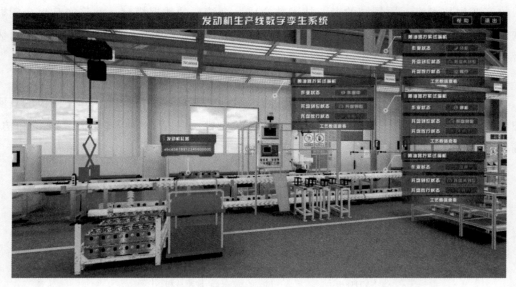

图 3-7   某汽车发动机生产线数字孪生系统

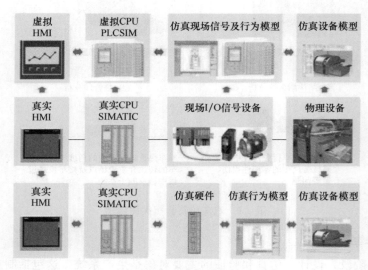

图 3-8   西门子设备数字孪生流程图

3.4.2   航天云网数字孪生纵向集成案例

2017 年 6 月，INDICS 工业互联网平台正式宣告上线，这是航天云网公司的一次全面平台升级战略。INDICS，英文全称为 Industrial Intelligent Cloud System，即工业互联网云系统。航天云网基于 INDICS 平台，建立了行业-企业-车间的数字孪生纵向集成，对产品需求、制造资源和制造能力进行数字孪生建模，为制造资源进行科学匹配，在各企业的 ERP 和 MES 上进行基于有限资源能力的生产调度计划，开展跨企业有限产能高级排产。在行业级通过跨企业的制造资源最优化配置和柔性化重组，解决企业剩余能力，实现社会制造资源的合理均衡应用；在企业级实现去库存、降成本和专业单元设备的有效利用，达到企业均衡生产的目的。图 3-9 所示为航天云网船舶行业关键工业设备上云应用案例。

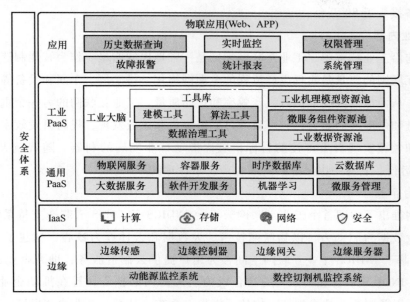

図 3-9　航天云网船舶行业关键工业设备上云应用案例

1. 对行业或企业联盟

航天云网确立了 INDICS+CMSS 的核心地位，构建了以平台产品与服务、智能制造、工业大数据、网络与信息安全四大板块为核心的产业能力。它具备了从设备管理、研发设计、运营管理和生产执行，到产品全生命周期管理、供应链协同、社会化协同制造和创新创业等的全方位应用服务能力。

INDICS 平台的出现改变了全球市场格局，形成了西门子公司的 MindSphere、通用公司的 Predix 和航天云网的 INDICS 三足鼎立的局面，这也代表了全球工业互联网的三大流派。

德国以工业 4.0 为基础，注重自下而上实现智能工厂的互联，对工厂的信息化和智能化水平有较高要求，如西门子公司的 MindSphere。美国则以通用公司的 Predix 为代表，主要实现智能产品的互联，以及实现对智能产品的远程监控和运维。相较之下，我国中小企业众多，企业数字化和智能化水平相对较低，因此，为了促进我国制造业的智能化转型升级，航天云网采取了自上而下的战略，提供第三方公共服务平台，将大量企业连接起来，逐步向下渗透。

航天云网构造了包括中央企业工业互联网融通平台、INDICS 公共服务平台、区域服务平台、行业服务平台、园区服务平台和企业服务平台在内的六大平台服务体系。它提供"一脑一舱两室两站一淘金"的系统级工业应用，覆盖智能制造、协同制造和云制造等领域，满足了制造企业转型升级的需求，体现了符合我国国情的工业互联网发展道路。

目前，INDICS 平台已经具备提供研发仿真模型、业务流程模型、工业机理模型和数据处理模型这四大类模型的能力，并且可以提供 2000 余款工业 APP。平台覆盖了航空航天、电子信息和节能环保等十大行业领域，以及研发设计、采购供应和生产制造等七大应用领域，平台设备接入近 80 万台。

2. 对企业内部

在众多前沿工业技术中，工业互联网无疑是一颗璀璨的明星。作为智能制造理念的具体体现，工业互联网的愿景是实现生产流程的全面网络化，将工厂、车间和设备等连接成一个智能化网络，从而最大限度地提升生产效率和产品质量。工业互联网的另一个重要属性在于其整合产业链和供应链的能力，它可以通过系统集成和短板发现，提高研发效率，推动更多行业、专业和领域实现自主可控的目标，堪称推动行业发展的利器。随着航天云网的 IN-DICS 平台的运行，它对中国工业的发展也产生了深远的影响。

（1）平台企业

航天云网推出了中国首个工业互联网云平台 INDICS 及 CMSS 云制造支持系统。INDICS 平台以工业大数据为驱动力，以物联网技术、大数据和云计算为核心，构建了一个开放平台。CMSS 则基于 INDICS 工业互联网空间，为用户提供云制造服务，助力企业云化的 SaaS 层应用环境。INDICS 平台和 CMSS 的结合成为航天云网的核心，旨在推动企业管理创新、商业模式创新以及制造业技术创新，构建云端生态系统。其平台企业快速发展，国际云平台也新增了多个地区的用户，平台注册企业数量达到 170 万。此外，航天云网还举办了多项赛事，如"航天云网杯"中国工业互联网 APP 创新大赛等，吸引更多个体或企业研发新产品与服务，助力企业成长。

（2）供应商

供应商指的是在航天云网工业互联网平台上为需求企业提供产品或服务的个体或组织。随着平台的逐步成长，供应商的数量也在增加。航天云网云市场已具有 600 多个应用，涵盖 SaaS 专区、模具专区和 EPLAN 直播等板块，可满足企业全生命周期应用软件需求，解决企业在信息化建设、软硬件成本、研发协作效率、服务商营销转化、品牌影响力、项目获客成本和用户精准获取等方面的挑战。

（3）工业企业

工业企业在这里尤指中小微企业，它们可在航天云网工业互联网平台上发布需求，享受产品与服务。随着政策的落实和平台的完善，越来越多的中小微企业开始了解并利用工业互联网，这深刻影响了工业企业生产经营的各个环节，改变了研发、设计、制造、销售和售后的传统管理模式，促进了生产流程的优化和管理效率的提升，甚至催生了新的商业模式。

（4）对航天云网自身的影响

航天云网 INDICS 平台以工业大数据为基础，以物联网技术和云计算为核心，可以实现数据、产品、机器和人的综合集成及全面互联互通。与通用电气的 Predix 和西门子的 Mind-Sphere 一样，航天云网同样将 INDICS 平台打造成了一个开放的工业云平台，这源自航天数字化工业体系建设的实践。INDICS 平台共分为五个体系结构层，包括工业设备层、工业物联网层、工业应用 APP 层、云平台层和平台接入层。为了将 INDICS 平台建设为工业领域的通用云平台，航天云网认识到了其开放性的重要。针对航天科工集团的内部应用及第三方的工业互联网应用，INDICS 平台致力于构建统一的标准与应用环境，为用户提供设备接入、数据分析和工业 APP 接入等服务。另一方面，INDICS 平台十分重视线上和线下的联动及虚拟和现实的结合。在当前共享经济的背景下，各自为战的局限被逐渐冲破，制造业的更新换代需要根植共享思维和协同能力。INDICS 平台通过高效整合和共享国内外优质资源，在线上平台端能够提供覆盖产业链全过程、全要素和云端制造的服务。在线下端，INDICS 平台遵循智能制造新模式，逐步完成对机器、岗位和工厂等的网络化、数字化和智能化改造，从而实现智能协同，打破生产链上的信息孤岛。

相比国际上的其他两大工业互联网平台 Predix 和 Mindsphere，INDICS 平台具备两方面的突出优势。第一方面体现在制造全产业链的服务支撑：在航天科工集团多年来积累的雄厚信息技术产业优势及专业门类配套齐全的装备制造体系基础上，INDICS 平台所提供的工业应用服务涵盖了制造业全产业链，包括智能研发、智能商务、智能服务和智能生产等。第二方面体现在自主可控的信息安全：航天科工集团在建设云网及 INDICS 平台时，不仅高度重视平台的开放兼容，提供各种设备的接入、集成和数据分析等工业应用服务，而且要求确保运营的安全。航天云网构建了完整的工业互联网安全保障体系，成为中国工业互联网云平台的领导者。此外，工业领域一直存在着信息封闭的问题，为了解决这个难题，航天云网将工业数据与工业大数据应用和云制造应用相衔接，研发出了 SMARTIOT，它作为一个工业物联网网关，有三方面用途，包括设备接入、传感器网络接入和边缘计算及工业大数据处理。SMARTIOT 还支持各类设备的数据采集，具备优秀的开放性和可拓展性，使得工业互联网平台可以更好地服务于制造业企业。

航天云网认识到工业互联网不能只停留在云端，更要在线下产生联动，并且要做到国内外联动，才能真正落实国际化战略思维。如今，在线上，航天云网在国内设立江西航天云网平台、贵州航天云网平台、孝感航天云网平台、安徽工业云网平台和内蒙古工业云网平台，向国际开放英语、俄语、德语、法语、西班牙语和阿拉伯语六个语种平台；同时在国内外多个地区线下落脚，在国内开设江西站点、贵州站点、孝感站点、安徽站点和内蒙古站点，在多地设立科技研究院，如江苏航天云网数据研究院有限公司、广东航天云网数据研究院有限公司和成都航天科工大数据研究院有限公司，在国外建立航天云网（德国）有限责任公司，平台已注册企业超过 149 万家，已发布将近 11 万条商业需求，智能化改造成果显著，已接入设备 9500 多台，平均在线超过 8500 台。航天云网为企业带来的智能化改造能够大大减少企业的研发成本，缩减研发周期，并且高效提升生产和服务质量，完成对企业的全方位升级改造。

思 考 题

1. IMS2.0 体系架构在安全性方面采取了哪些措施？（　　　）

    A. 网络加密技术的应用

    B. 安全防护策略的构建

    C. 接入安全方案的研究

    D. 网络安全策略的分析与设计

2. 数字孪生技术主要用于解决以下哪类问题？（　　　）

    A. 网络安全问题

    B. 产品设计与优化问题

    C. 企业财务审计问题

    D. 员工培训与管理问题

3. 请简述 IMS2.0 体系架构的核心技术及其对网络融合技术的影响。

4. 数字孪生技术在智能制造中的应用有哪些？

5. 如果要设计一个基于大数据的智能供应链管理系统，该系统应包含哪些关键组件？

科学家科学史

"两弹一星"功勋科学家：王希季

第 4 章

智能制造系统的集成

PPT 课件

课程视频

智能制造系统的集成是制造业迈向智能化、高效化和灵活化的关键步骤。它通过将先进的智能设备、系统软件和数据分析平台有机整合，实现生产流程的自动化监控、智能化决策和实时优化。智能制造系统的集成不仅提升了生产效率，降低了成本，还确保了产品质量的稳定性和一致性。随着云计算、大数据和人工智能技术的不断发展，智能制造系统的集成正逐步成为制造业转型升级的核心驱动力，引领着制造业向更高层次和更广阔领域迈进。

4.1 智能制造系统集成的类型

实验

智能制造系统的集成是将智能制造过程中的各个子系统和设备连接起来，实现信息共享、协同工作和智能决策的过程。智能制造系统的集成类型主要有三种。

1）纵向集成。纵向集成就是装备和产品、生产车间、企业/工厂及行业等不同层级之间的集成，主要解决企业内部信息孤岛的问题。在智能工厂内部，通过纵向集成，可以把传感器、各层次的智能机器、工业机器人、智能车间与产品有机地整合在一起，同时确保这些信息能够传输到 ERP 系统中，为横向集成和端到端集成提供支持。

纵向集成构成了工厂内部的网络化制造体系，这个网络化制造体系由很多的模块组成，这些模块包括模型、数据、通信和算法等必要的需求。在不同的产品生产过程中，模块化的网络制造体系可以根据需要对模块的拓扑结构进行重组，从而很好地满足个性化产品生产的需求。

这个集成后的网络化制造体系可以看成是一个巨大的智能机器系统，其中的各个模块可以看成是系统的程序单元，而改变拓扑结构的过程就是重新编程的过程，只不过这些活动全部是自动完成的。根据不同产品的指令，网络化制造体系能够根据需求灵活组织并完成生产。

纵向集成具有三个特点：确保不同层次的设备和传感器的信号传输到 MES 和 ERP 层面，提供对横向集成以及端到端集成的数据支持；为了满足智能制造的可变性，开发模块化和可重用性非常重要；需对智能系统进行功能性描述。纵向系统其实也就是智能工厂系统。

按照国际模型，一个工厂的纵向系统由三个子系统组成：过程控制系统（SFC）、制造执行系统（MES）和资源计划系统（ERP）。智能工厂就是将这三个子系统上下贯通，每一层模块化，共同组成一个智能平台，同时构建生产数据中心。这样就可以实现智能产品和智能设备之间的数据流动，从而实现数据自动采集、数据自动传输、数据自动决策、自动操作运行和自主故障处理等。

2）端到端集成。端到端集成就是把所有该连接的端头（端点）都集成互联起来，通过价值链上不同端口的整合，实现从产品设计、生产制造、物流配送到使用维护的产品全生命周期管理和服务。通过端到端集成，客户的需求和反馈可以直接与研发设计端相连，形成以产品为核心的互联互通的业务闭环流程。

端到端集成体现在各种不同信息的终端和数字化的物理终端，可实现制造资源、过程、产品和用户信息的全面集成和互通。在过去，当产品交付到用户手上以后，产品的使用状况和维修管理等环节与生产制造是分离的，二者的信息传输也是不及时、不透明的。

3）横向集成。横向集成通过产业链及社会化信息网络实现资源整合，是智能制造社会网络的集成。横向集成是指将各种不同制造阶段的智能系统集成在一起，既包括一个企业内部的材料、能源和信息的配置（如原材料、生产过程、产品外出物料和市场营销等），也包括不同企业之间的价值网络的配置。横向集成与纵向集成和端到端集成整合起来，便构成了智能制造网络。

横向集成通过互联网、物联网、云计算、大数据和移动通信等技术手段，对分布式的智能生产资源进行高度整合，从而构建起在网络基础上的智能工厂间的集成。

系统集成如图 4-1 所示。

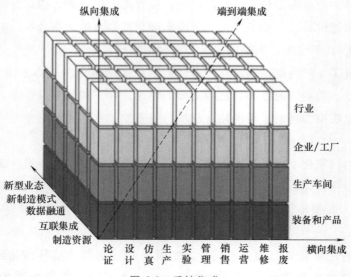

图 4-1　系统集成

4.2 纵向集成

4.2.1 装备和产品集成

装备和产品集成是智能集成制造系统的基础，它可以实现如工业机器人等装备的互联、集成和管控，并实现软/硬件产品的集成。

4.2.2 车间集成

车间集成是指将制造车间中的各种设备、传感器、数据采集系统、控制系统和信息系统等进行有机整合、融合和协同，以构建数字化车间系统。这种集成旨在实现车间生产全过程的追踪监测、数据采集和信息管理等目的。

车间集成具有以下三个特点：

1）涵盖面广：车间集成要求覆盖制造车间的各个方面，包括设备管理、生产调度、品质检测和员工安全等。

2）数据化程度高：车间集成要求将制造车间的各类数据进行实时采集、存储、分析和共享，以便实现全面的监测和管理。

3）智能化水平高：车间集成在数据采集和分析的基础上，通过人工智能和机器学习等技术手段，实现车间生产的自适应调整和协同决策。

通过车间集成，企业可以提高生产效率，优化生产流程，降低生产成本，提高产品质量，并增强企业的市场竞争力。同时，车间集成还可以帮助企业实现数字化转型，提高企业的智能化水平，为企业的可持续发展提供有力支持。

基于车间级的运营中心，可以实现装备与生产线、仓储与物流、制造执行管理及车间生产决策等环节的集成和统一管理，提高车间的生产效率和管理透明度。实现同行业内各企业的设计研发、生产制造和服务保障等资源的集成和优化配置，实现行业知识、数据和信息等在一定规模上的共享。智能车间可视化如图 4-2 所示。

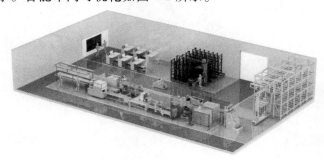

图 4-2　智能车间可视化

4.2.3　企业/工厂集成

企业/工厂集成实现了企业内跨部门之间数据、业务和流程等的集成、共享和协同，使企业/工厂的数据和信息可以自上而下和自下而上地流动及有效利用。

企业/工厂集成是指通过技术和管理手段，将企业内部或工厂内部的各个业务环节、流程、系统和设备等相互连接、协调和融合，以实现信息的共享、资源的优化配置和业务流程的自动化。这种集成旨在提高企业的生产效率，降低运营成本，优化产品质量，提升客户满意度，从而增强企业的市场竞争力。

企业/工厂集成的应用场景非常广泛，包括但不限于以下五个方面。

1）供应链集成。通过整合供应商、生产商、分销商和零售商等供应链环节的信息和资源，实现供应链的协同管理，提高供应链的效率和灵活性。

2）生产制造集成。将生产计划、生产调度、设备控制和质量检测等生产制造环节进行集成，实现生产过程的自动化和智能化管理，提高生产效率和产品质量。

3）信息系统集成。将企业内部的各种信息系统（如 ERP、CRM、SCM 等）进行集成，实现信息的共享和业务流程的自动化，提高企业的管理效率和决策能力。

4）人力资源集成。将招聘、培训和绩效管理等人力资源业务进行集成，实现员工信息的数字化管理和人力资源的优化配置，提高员工的工作效率和满意度。

5）数字化工厂。通过数字化技术，将工厂的各个环节、设备和系统进行集成，实现生产过程的可视化、可追溯化和智能化管理，提高工厂的生产效率和灵活性。

企业/工厂集成的实现需要依靠先进的技术手段和管理方法，如物联网、云计算、大数据和人工智能等，同时也需要企业领导层的重视和支持，以及全体员工的积极参与和配合。通过企业/工厂集成，企业可以更加高效、灵活和智能地应对市场的变化和挑战，实现可持续发展，如图 4-3 所示。

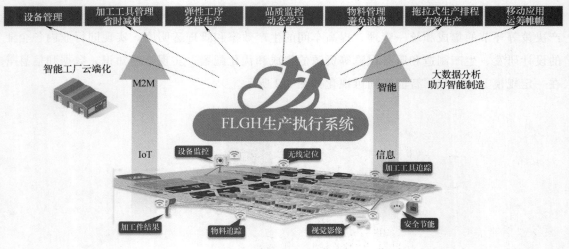

图 4-3　企业/工厂集成

4.3 案例：航天电器

美国国家标准和技术研究所（NIST）在其为智能集成制造系统（IMIS）建立的自动化制造实验基地（AMRF）中，将 IMIS 确定为三层递阶控制体系（见图 4-4）其底层是加工设备和其他处理设置。在 AMRF 系统中，共设置五个工作站，其中有三个机械加工工作站、一个清洗和去毛刺工作站、一个自动检测工作站。每个工作站中都配备单独的机器人和托盘系统。系统中有两台搭载机器人的运输小车，它们在工作站间运送载有原材料或成品的托盘。工作站中的设备还包括自动编程机，用于脱线编程。单元控制机可以提供机床与物料储运系统间的接口，以及负责系统作业计划的编制。车间层将多个单元集成起来，并负责库存计划和管理。企业层在 AMRF 中称为基地层，负责主生产计划和制造资源计划的编制，例如订购原材料、编制库存计划和分析经营计划等。

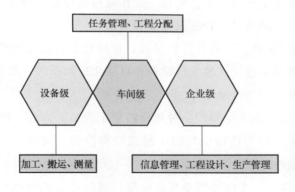

图 4-4　IMIS 的控制体系

4.3.1 设备级

在航天电器的生产过程中，设备级的集成程度在提高生产效率、保证产品质量和降低生产成本等方面具有重要的作用。通过设备级的集成，可以实现生产过程的自动化和智能化，减少人工干预。同时，设备级的集成还可以实现生产数据的实时采集和分析，为企业的决策提供数据支持。通过建设工业网关及监控和数据采集（SCADA）系统，可以实现主控 PLC 对现场设备的控制，并可接收设备执行的反馈信息。同时将 PLC 与制造运营管理（MOM）系统进行业务集成和信息交互，通过 MOM 和 SCADA 等系统的综合监控功能，可以分别对工位、机器人操作、出入库和上下料等环节进行监控和管理，实现对制造过程、设备运行和现场数据的实时管理。通过设备级的集成，可以提高设备运行效率 10%，降低设备能耗 5% 以上。此外，航天电器的设备级还需要考虑设备的可靠性、安全性和精度等方面。因为航天电器是用于航空航天等领域的关键部件，其质量和性能要求非常高，必须保证设备的可靠性和精度，以确保产品的质量和安全性。

4.3.2　车间级

航天电器的车间级是指航天电器制造过程中，专门负责特定产品或工艺环节的生产车间及其相关的组织结构和管理模式。在航天电器的生产过程中，车间级是连接企业顶层管理与具体生产操作的重要环节，负责将企业的生产计划、工艺要求和质量标准等转化为具体的生产行动。

1）高度专业化。航天电器产品种类繁多，不同产品之间的生产工艺、设备要求和质量标准等可能存在较大差异。因此，航天电器的车间级通常会根据产品特点和生产工艺要求，划分为不同的专业车间，如继电器车间、插接器车间和微特电机车间等，以实现高度的专业化生产。

2）精细化管理。航天电器产品对质量、精度和可靠性等方面的要求极高，因此必须实现精细化管理。这包括制定详细的工艺规程、操作规程和检验规程等，并对生产过程进行严格的监控和管理，确保产品质量符合相关标准和要求。

3）自动化和智能化生产。随着科技的发展，自动化和智能化生产已成为航天电器制造的重要趋势。车间级需要引进先进的生产设备和自动化控制系统，实现生产过程的自动化和智能化，提高生产效率和产品质量。

4）严格的质量控制。航天电器产品对质量的要求极高，因此车间级必须建立严格的质量控制体系，以此对生产过程进行全程的质量监控和检测。同时，还需要建立质量追溯机制，确保产品的可追溯性和质量可靠性。

5）高效的协作与沟通。车间级需要与其他部门进行高效的协作与沟通。车间级需要准确理解企业的生产计划和工艺要求，及时反馈生产过程中的问题和困难，确保生产任务的顺利完成，因此应当建设网络化的智能生产线，使用工业以太网的环形网络拓扑结构，将射频识别（RFID）技术、机械臂和视觉检测系统等异构设备进行集成互联和通信。在不同的网络之间，启用虚拟路由器冗余协议（VRRP），实现生产设备与制造执行系统（MES）和仓库管理系统（WMS）等的集成，从而实现车间的网络化生产。车间级应建设 MOM 系统并与其他各系统进行集成和数据调度，以便对车间的运行情况进行监控和透明化管理。通过车间级的集成建设，生产效率可以提升 33%，产品一次性合格率可以提升 32%，如图 4-5 所示。

4.3.3　企业级

在企业级层面，航天电器生产企业通常会制定一套完整的企业战略和规划，以指导企业的发展方向和目标。这包括明确企业的核心业务、市场定位、产品战略、技术创新和人才管

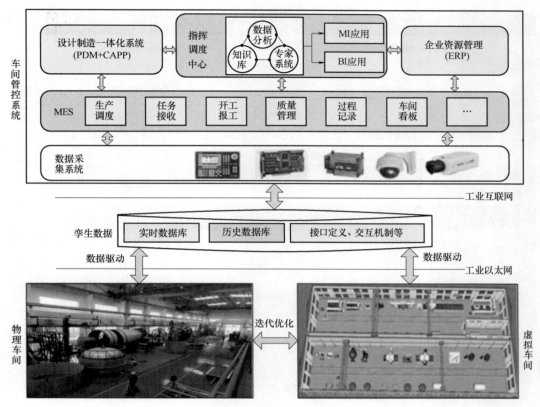

图 4-5　航天电器车间级组成

理等各个方面。同时，企业还需要建立一套完善的管理体系和运营机制，以确保企业的高效运转和可持续发展。

　　在航天电器领域，企业级的表现非常重要。由于航天电器产品的高精度和高可靠性要求，以及严格的质量控制和测试标准，企业需要具备强大的研发能力、生产能力和质量保证能力。因此，航天电器生产企业在企业级的层面需要注重技术创新、人才培养和质量控制等方面的投入和管理。

　　此外，随着市场竞争的加剧和客户需求的变化，航天电器生产企业还需要不断调整和优化企业战略与业务模式，以适应市场的变化并满足客户的需求。这包括加强与国际先进企业的合作和交流，引进先进的技术和管理经验，以及加强自身的研发能力和创新能力等。

　　以 INDICS 平台为例，如图 4-6 所示，基于 INDICS 平台将产品生命周期管理（PLM）、企业资源规划（ERP）、生产能力需求计划（CRP）和 PLC 等异构系统进行集成，通过统一应用门户实现企业内不同业务系统之间的一次登录，实现多系统协作应用，从而开展设计/生产一体化、有限产能排产和订单驱动混线生产等应用，有效地均衡企业库存，优化企业的资源利用率，使企业资源利用率达到 50% 以上，生产效率提升 33%。

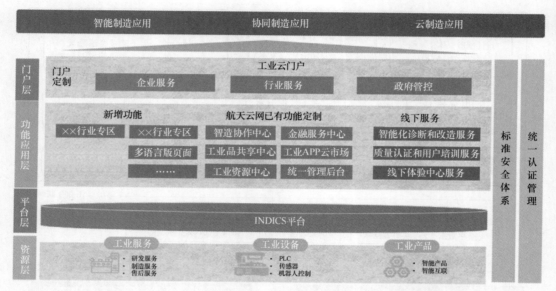

图 4-6　INDICS 平台

4.4　端到端集成

　　所谓端到端就是围绕产品全生命周期，流程从一个端头到另外一个端头，中间是连贯的，不会出现局部流程和片段流程，没有断点。从企业层面来看，ERP 系统、产品数据管理（PDM）系统、组织、设备、生产线、供应商、经销商、用户和产品使用现场（如汽车和工程机械使用现场）等围绕在整个产品生命周期价值链上的管理和服务都是整个智能物理系统（CPS）的信息物理网络需要连接的端头。

　　端到端集成就是把所有该连接的端头都集成互联起来，通过价值链上不同企业资源的整合，实现从产品设计、生产制造、物流配送到使用维护的产品全生命周期的管理和服务。端到端集成贯穿整个价值链的工程化数字集成，是在所有终端数字化的前提下实现的基于价值链与不同企业之间的一种整合，这将最大限度地实现个性化定制。目前，端到端集成是一个新理念，各界对于端到端集成尚有不同的理解。

　　由于整个产业生态圈中的每一个端头所使用的通信协议往往不一样，数据采集格式和采集频率也会不一样，要让这些异构的端头都连接起来，实现互联互通、相互感知，就需要一个能够做到"同声翻译"的平台，这个平台就是企业服务总线，在这样一个平台上，实现书同文、车同轨，这样就能解决集成的最大障碍，实现互联互通就容易了。

　　围绕特定产品，从供给端到用户端，覆盖整个产品全生命周期各个环节乃至各个终端的系统集成，即智能集成制造系统的端到端集成。它体现在各种信息终端和数字化物理终端的联通，可以打破信息孤岛，实现制造资源、过程、产品和用户信息基于云平台的全面集成和互通。

端到端集成有别于横向集成和纵向集成，它主要从智能集成制造系统组成要素的信息交互角度出发，考虑各类终端的信息对称与衔接，将用户需求、反馈与产品全生命周期融合，实现整个价值链的端到端数字化集成，支持个性化和智能化的产品定制，如图 4-7 所示。

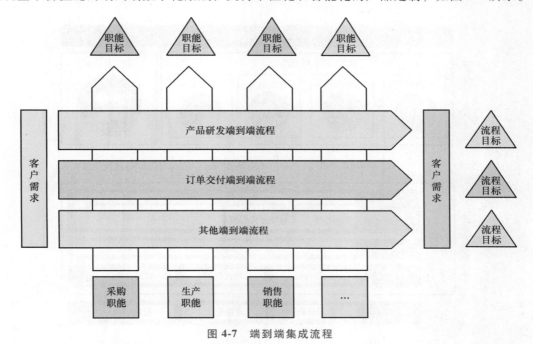

图 4-7　端到端集成流程

4.5　横向集成

企业之间通过产业链及社会化网络实现资源整合。在产品全生命周期中实现数据的流通和集成融合，并实现企业间不同人-信息-物理系统（HCPS）的集成，在企业的不同制造阶段和产业链系统中构建一个互联的信息网络，加强企业与企业之间的协作。

横向集成以价值链为主线，强调产品制造的价值流集成，旨在解决企业之间不同制造环节中的信息共享、资源整合、流程协同和社会化协作等问题，消除企业各环节或者产业链上各企业之间的交互冗余和非增值过程。

横向集成可提高产业链上下游企业之间，包括需求定义、产品设计、加工生产、训练使用、售后维护和报废等在内的各环节的合作效率，进而构建不同企业之间的社会网络，实现企业与企业、企业与产品之间的生态化协作，在社会范围内实现人流、技术流、管理流、数据流、物流和资金流的共享集成和优化应用。

下面以航天科工专有云为例展开具体介绍。

航天科工专有云是面向航天科工集团自身装备制造转型升级战略需求，基于航天科工集团专网，开发并成功运营的面向航天复杂产品的集团公司智慧云制造服务平台/系统。它服务于航天科工集团的各类制造企业和产品用户，可实现全要素资源共享及制造全过程活动能力的深度协同。航天科工专有云于 2015 年正式上线，其系统总体架构如图 4-8 所示。

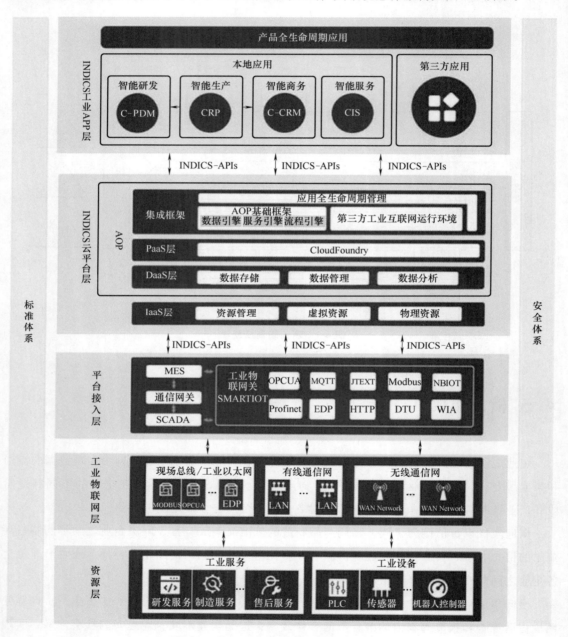

图 4-8   航天科工专有云的系统总体架构

目前，航天科工专有云整合了分散在各主体单位中的数百万亿次高性能计算资源（以峰值计算能力计），数百 TB 的存储资源，数十种、数百套机械、电子、控制等多学科大型设计分析软件及其许可证资源，总装联调厂等多个厂所的高端数控加工设备及企业单元制造系统，航天复杂产品制造过程各阶段的专业能力（如设计能力、生产能力、实/试验能力等）。在实际共享的过程中，航天科工专有云提供了多主体（租户）独立完成某阶段制造、多主体（租户）协同完成某阶段制造、多主体（租户）协同完成跨阶段制造及多主体（租户）按需获得制造能力四类应用模式。

航天科技集团旗下的某制造企业以协作配套为主，随着产业链的延长，该企业面临制造模式和制造手段等方面的许多问题。

1）高端液压气动元件和管路属于产品最底端的配套件，需要与总装总成单位建立紧密协同机制，目前企业生产主要采用线下的传统协作方式，协作效率低下，协同性较差，同时由于产品质量要求高，工艺流程复杂，交付周期短，需要与外协外购单位建立资源能力协同机制。

2）当前企业的生产计划管理和执行都是通过人工和纸质化手段来完成的，效率低下，生产管理方式的落后导致大量高端设备资源的闲置，以及生产数据的不互通，造成资源的大量浪费。

3）企业采用多品种单件小批量生产模式，需要建立快速敏捷的智能柔性生产系统，目前企业主要以按单生产的方式组织生产，缺少智能化的加工和物流配送等手段，无法满足个性化定制和柔性生产的需求。

航天科工专有云平台面向集团企业，可实现集团内和集团外的资源共享与业务协同管理，具体为实现如下应用：

① 跨产业链协同。

② 跨企业的多学科产品协同设计和仿真。

③ 跨企业生产运维保障一体化。

1）跨产业链协同：即提供专有云的统一门户，航天科工专有云基于 INDICS 平台，汇聚了产品研制和生产的上下游供应商和服务商，可生成云端订单，并实现交易管理及合同管理等协作配套应用。利用专有云平台的协同设计、协同试验、协同保障和排产计算等功能，可以进行云端订单的生产计划、产品工艺、生产排产等应用和管理。

基于专有云平台的大数据，可对业务运营状态和过程进行监控和预警，并建立决策模型，为集团管理者、项目总师等提供决策分析，以便合理调度任务。通过与集团客户和配套外协供应商的集成，专有云将产品订单、论证、设计、生产、保障和管理等业务流程实现云化管理，打造需求订单-资源协同-协同研发-智能生产-智能保障全过程的业务链条，实现了跨地域、跨单位之间的产品协同设计和协同生产，以此汇集航天科工的 500 多家所属企事业单位，累计汇总设计、生产、加工等协作配套和业务集成 3000 余项。

2）跨企业的多学科产品协同设计和仿真：决策任务下达后，集团总部和院厂所管控部门将计划任务下达到各个厂所单位，各厂所的总师/设计师利用专有云的三维标准件模型库、知识库，以及云化、虚拟化的工具资源、软/硬件资源等，开展数字化协同设计任务，并将设计任务下达到各分系统企业。

各分系统企业设计师基于总体设计模型，参考模型库/知识库中的相关知识，并利用虚拟样机仿真工具和模型进行产品的多学科虚拟样机仿真，并将设计的三维模型下发至总装厂，进行产品的生产。

依托智慧企业平台和专有云平台，大量业务协作可从线下单点转移至平台统一集成，使科研项目的实施周期平均缩短 20%，资源共享和协同效率提升 30%，资源流转率提升 15%，有效地提升了企业生产效率。

3）跨企业生产运维保障一体化：在产品的生产设计阶段，总装厂接收产品设计的三维模型，然后基于产品 BOM 建立结构化的三维工艺模型，进行工艺规划和工艺仿真，并进行配套物料需求的规划，生产设备和生产物料采购及库存等计划。

在生产过程中，通过专有云平台，总装厂将生产进度、产品质量和产品数据等信息反馈至总部和分系统设计单位等，进行产品生产的跨企业协同管理。在生产以及保障过程中，通过物联网技术，建立一套工业设备台账，使得所有相关方可以共享设备手册、维修说明、维修档案和运行记录等信息，同时开展设备运行健康状况预测、故障预警和预防性维护服务，以便及时快速地处理设备的异常问题，降低宕机带来的高运维成本，提高客户服务满意度。

4.6 智能集成制造系统技术路径

智能集成制造系统的体系架构和技术体系等都随着时代需求及技术的发展在不断演进。本节讨论了智能集成制造系统的数字化、网络化和智能化阶段，涵盖并发展了前两个阶段的内容。

智能集成制造系统是在新一代数字化、网络化和智能化技术的引领下，融合了人、信息空间与物理空间，实现了"新智能制造资源/能力/产品"的智能互联与协同服务的智能制造系统（云）。智能集成制造系统更突出智能引领的特点。

4.6.1 智能集成制造系统的体系架构

智能集成制造系统实现了智能制造系统的纵向集成、横向集成以及端到端集成。

在纵向集成方面，智能集成制造系统的体系架构适用于从智能设备云、智能车间云、智能中小微/集团型企业云到智能制造行业云的不同层次的纵向集成。

在横向集成方面，智能集成制造系统的体系架构适用于全产业链中协同企业之间的横向集成，并可借助支撑智能制造系统的社会化网络及平台，实现企业间的内外资源共享、整合与流通、设计优化、流程协同、供应链协同和社会化协作等，进而实现智能制造设计、生产、试验、管理及服务等全生命周期的横向集成。

智能集成制造系统的体系架构也适用于端到端集成，即围绕特定产品，从供给端到用户端，覆盖整个产品全生命周期的各环节和各终端，通过各终端之间的互联互通，满足跨越不同学科的个性化定制产品的需求，以保障产品个性化定制模式的创新和重构，为实现以产品为核心的价值链的拓展和提升提供端到端支撑。

智能集成制造系统的体系架构为实现智能集成制造系统的纵向集成、横向集成以及端到端集成提供了关键的支撑和实现架构。

该体系架构包括：

1）新智能资源/能力/产品层。

2）新智能感知/接入/通信层。

3）新智能边缘处理平台层。

4）新云端服务平台层。

5）新云端服务应用层。

6）新人/组织层。

各层具有适用于本层的新标准规范及新安全管理要求。

值得指出的是，各层的"新"指的是融入了"智能引领"的新内涵与新内容。

该体系架构的特色是：具有边缘/云端协同新架构，各层具有智能引领的"新"内涵及内容，以用户为中心的新资源/新产品/新能力共享服务。

4.6.2 总体规划、分步实施、重点突破、全面推进

智能集成制造系统技术路径中的"总体规划、分步实施、重点突破、全面推进"是一种系统性的策略，旨在确保智能集成制造系统的顺利实现和持续优化。

（1）总体规划

在智能集成制造系统的实现过程中，首先需要进行总体规划，这包括明确集成的目标、范围、时间表和预期效果，以及确定所需的技术、设备和资源。总体规划应该考虑企业的整体战略、生产流程、设备现状以及市场需求等因素，确保集成的方向与企业的发展目标一致。

（2）分步实施

智能集成制造系统的实现是一个复杂的过程，不可能一蹴而就。因此，需要采用分步实施的方法，将整个过程划分为若干个阶段或模块，逐步进行集成。在每个阶段或模块中，需要明确具体的任务、目标和时间节点，以确保集成工作的有序进行。通过分步实施，可以降低集成的难度和风险，提高集成的成功率。

（3）重点突破

在智能集成制造系统的实现过程中，可能会遇到一些关键的技术难题或瓶颈。为了确保集成的顺利进行，需要针对这些难题或瓶颈进行重点突破。这包括采用先进的技术手段、引进专业的技术人才或团队、加强与其他企业或机构的合作等。通过重点突破，可以解决集成

过程中的关键问题，推动集成的深入进行。

（4）全面推进

在智能集成制造系统的实现过程中，需要全面推进各项工作。这包括加强与其他部门的沟通和协作、确保各项任务的按时完成、及时解决集成过程中出现的问题等。通过全面推进，可以确保集成的顺利进行，并达到预期的效果。同时，还需要建立完善的监测和评估机制，对集成的效果进行定期评估和调整，确保集成的持续优化和改进。

以系统工程理论为总指导，系统科学地开展智能集成制造系统的规划与设计；以核心业务环节为重点，对现状进行分析和评估，制定总体技术路径和阶段建设步骤及目标；在已确定方案的指导下，以企业核心需求为重点，进行详细设计和实施；以重点需求和业务为示范，再逐步推广至智能制造全过程、全流程的应用和集成，实现智能集成制造系统的总体建设。

4.6.3　基于数据/数据中心的集成

基于数据/数据中心的集成为企业的各个业务系统提供了统一、标准的基础数据，能够实现企业内部不同应用系统的数据管理和集成共享。该集成方式会对企业的业务需求进行梳理，形成主数据标准规范、数据交换标准规范和业务主体数据库标准规范，建成统一的主数据服务和数据交换服务，从而实现企业内部各应用系统以及本企业与上级企业主数据管理系统之间的数据对接，并在此基础上进行业务系统的扩展，满足企业智能集成制造系统的应用需要，如图 4-9 所示。

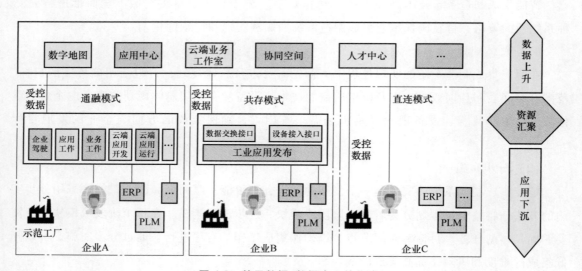

图 4-9　基于数据/数据中心的集成

一个工厂通常由多个车间组成，大型企业则有多个工厂。作为智能工厂，不仅生产过程应实现自动化、透明化、可视化和精益化，同时产品检测、质量检验和分析及生产物流也应当与生产过程实现闭环集成。在工厂的多个车间之间应实现信息共享、准时配送和协同作业。一些离散制造企业也应建立类似流程制造企业那样的生产指挥中心，对整个工厂进行指挥和调度，及时发现和解决突发问题，这也是智能工厂的重要标志。智能工厂必须依赖无缝集成的信息系统支撑，主要包括 PLM、ERP、CRM（客户关系管理）、SCM（供应链管理）和 MES 五大核心系统。大型企业的智能工厂需要应用 BRP（商业弹性规划）系统来制定多个车间的生产计划（Production Planning），并由 MES 根据各个车间的生产计划进行详细排产（Production Scheduling）。MES 排产的粒度是天、小时甚至分钟。

MES 本质上重在"制造执行"，实现精准化、精细化和协同化是 MES 的主要目标，通常凭经验和感觉进行计划制定和现场管理的信息化系统只是完成了简单的纸质表单或 Excel 表格替代，一定程度上还不能算是真正意义上的 MES。一方面，MES 应通过接口集成从 ERP 处接收生产计划并根据车间实际资源负荷情况，以生产物料和生产设备为对象进行工序级和工位级的精准排产和派工，以精细执行为导向，实现透明化管理；另一方面，MES 应在车间内部形成计划排产、作业执行、实绩反馈、数据采集、看板管理、库存管理和质量管理等全闭环管理，环环紧扣，而非一个简单的数据库管理系统。

4.6.4　基于人-流程-信息的业务过程集成

基于人-流程-信息的业务过程集成是一种管理策略，它旨在通过人力资源、业务流程和信息技术三方面的协同作用，提升企业的运营效率和市场竞争力。具体来说，这种集成模式包括以下三个方面的要素：

（1）人力资源集成　在业务过程中，人力资源是不可或缺的一环。通过人力资源集成，企业可以确保员工具备完成工作任务所需的技能和知识，并促进员工之间的协作和沟通。此外，人力资源集成还可以帮助企业更好地管理员工绩效，提高员工满意度和忠诚度。

（2）业务流程集成　业务流程是企业实现价值创造的关键环节。通过业务流程集成，企业可以优化业务流程，消除冗余和低效的环节，提高工作效率和质量。同时，业务流程集成还可以帮助企业实现业务流程的透明化和可视化，便于管理层对业务过程进行监控和管理。

（3）信息技术集成　信息技术是支持业务过程集成的重要工具。通过信息技术集成，企业可以实现信息的高效共享和传递，减少信息孤岛和信息冗余。此外，信息技术集成还可以帮助企业实现数据分析和决策支持，为管理层提供科学的决策依据。

在基于人-流程-信息的业务过程集成中，企业需要关注以下四个方面的关键点：

（1）明确集成目标　企业需要明确业务过程的集成目标，包括提高运营效率、降低成本和提升客户满意度等。这有助于企业确定集成的方向和重点。

（2）制定集成计划　企业需要制定详细的集成计划，包括集成的时间表、责任人和资源需求等。这有助于确保集成的顺利进行。

（3）加强沟通和协作　在集成过程中，企业需要加强各部门之间的沟通和协作，确保集成的顺利进行。同时，企业还需要与供应商和客户等外部利益相关者保持密切的合作关系。

（4）持续优化和改进　集成是一个持续的过程，企业需要不断优化和改进集成的效果。这包括定期评估集成的成果，收集反馈意见，调整集成策略等。

此种集成方式的目的是将整个产业链中涉及的不同业务角色、业务职能、业务活动和业务环境有效地集成和管理起来，实现整个产业链和产品全生命周期上的人、机、物、系统和流程的协同。基于人-流程-信息的业务过程集成体现了本书前文所述的人、信息空间与物理空间的协同理念，如图4-10所示。

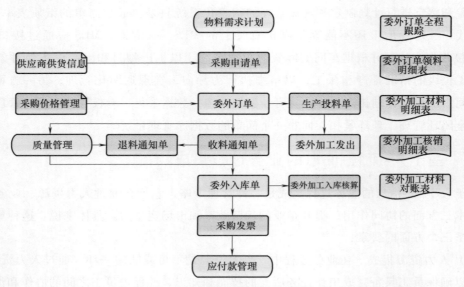

图 4-10　人-流程-信息的业务过程集成

4.6.5　基于 RTI/数字孪生的虚拟样机集成

数字孪生的虚拟样机仿真是智能集成制造系统中必不可少的重要组成部分。数字孪生的虚拟样机仿真系统需要建立智能集成制造系统关键要素的数字孪生的虚拟样机模型，并驱动模型进行协同运行。基于 RTI/数字孪生的虚拟样机集成能够实现智能集成制造系统虚拟样机仿真过程中的各类信息、知识和数据的集成管理和优化运行，使得传统的线下分布式并行工作模式向基于模型的智能集成制造系统虚拟样机协同设计仿真方向转变。

（1）实时基础设施（RTI）　RTI 是一个支持分布式仿真系统实时通信的框架。在虚拟样机集成中，RTI 可确保不同仿真组件之间的实时数据交换，从而支持协同仿真和分布式仿真。这使得工程师能够同时在不同地点和平台上进行工作，共享仿真数据，并实时观察仿真结果。

（2）数字孪生　数字孪生是物理实体的虚拟表示，它集成了物理模型、传感器数据和运行历史等信息，以反映实体的全生命周期过程。在虚拟样机集成中，数字孪生为工程师提供了一个与实际系统紧密对应的虚拟环境，使工程师能够在虚拟空间中模拟和分析实际系统的行为和性能。

（3）虚拟样机　虚拟样机是基于计算机技术的原型系统或子系统模型，它可以在计算机上模拟实际产品的各种特性和行为。通过利用虚拟样机，工程师可以在产品制造之前进行各种测试和验证，从而大大减少物理样机的制造数量和制造时间，降低开发成本。

基于 RTI/数字孪生的虚拟样机集成将这三种技术结合在一起，具有以下优势：

（1）实时性　通过 RTI 支持的实时通信，不同的仿真组件之间可以实现快速而准确的数据交换，确保仿真结果的实时性。

（2）高度仿真　数字孪生为虚拟样机提供了高度真实的物理实体虚拟表示，使得虚拟样机的行为更加接近实际产品。

（3）协同设计　工程师可以在同一个虚拟环境中进行协同设计，共享数据和仿真结果，提高设计效率和质量。

（4）降低风险　通过虚拟样机进行仿真测试，可以在产品制造之前发现和解决潜在问题，降低产品失败的风险。

这种集成方法可以在多个领域得到应用，如航空航天、汽车制造和船舶设计等。在这些领域中，基于 RTI/数字孪生的虚拟样机集成可以帮助工程师更加高效地设计、验证和优化复杂系统，提高产品的质量和性能。

4.6.6　面向人-业务协同的微服务集成

面向人-业务协同的微服务集成能够将智能集成制造系统按照基础功能模块进行独立部署，并根据业务需求，以"搭积木"的方式将业务系统搭建起来。如此，智能集成制造系统可以分解为不同层级、不同模块的子系统进行建设，具有更好的重用性，同时新增业务系统或功能与原有系统进行松耦合集成，可为用户提供灵活的业务场景配置功能，便于系统的维护和扩充。在面向人-业务协同的微服务集成中，主要关注以下六个方面：

（1）业务拆分与微服务定义　根据业务需求和人-业务协同的特点，可将复杂的业务逻辑拆分成多个独立的、职责单一的微服务。每个微服务都围绕一个特定的业务功能或业务领域进行设计，并具备独立的开发、测试、部署和运维能力。

（2）服务接口与通信协议　应定义清晰的服务接口与通信协议，以确保微服务之间的数据交换和协作能够顺利进行。服务接口应该遵循开放、标准、易于理解和使用的原则，以便不同团队和人员能够方便地进行集成和协作。

（3）服务治理与监控机制　应建立完善的服务治理与监控机制，确保微服务的稳定性、可用性和性能。可通过服务注册、发现、负载均衡和容错处理等手段，实现服务的自动化管理和监控。同时，可通过日志收集、分析和报警系统，及时发现和解决服务运行中的问题。

（4）人-服务交互方式　应优化人-服务交互方式，提高人与微服务之间的协同效率。通过设计友好的用户界面，提供易于理解和使用的 API 文档，建立高效的反馈机制等手段，降低人与微服务之间的交互成本。同时，可通过引入人工智能和机器学习等技术手段，实现人与微服务的智能化协作。

（5）业务流程优化　基于微服务架构的灵活性，可对业务流程进行优化和重构。通过微服务的独立部署和升级能力，实现对业务流程的快速响应和灵活调整。同时，可通过引入业务流程管理系统（BPM）等工具，对业务流程进行可视化管理和监控，提高业务流程的透明度和可控性。

（6）团队协作与沟通　应加强团队协作与沟通，以确保微服务集成的顺利进行。通过建立跨部门的协作团队，制定明确的协作流程和规范，采用敏捷开发方法等手段，提高团队协作的效率，取得更好的效果。同时，可通过定期的团队会议、技术分享和培训等活动，加强团队成员之间的沟通和交流。

4.6.7　基于人-机-物-业务-信息的统一用户系统集成

基于人-机-物-业务-信息的统一用户系统集成旨在建立统一集中的用户身份管理系统，将所有业务系统的用户进行统一管理，而应用授权等操作则由各业务系统完成。也就是说，用户在登录智能集成制造系统后，可以访问本用户权限范围内的所有业务系统，不需要重复地登录认证，保证了协同应用场景下的操作连贯性和统一性。另外，该系统集成也是一种新的制造业技术手段，即由新兴的制造技术、信息通信技术、智能技术及制造应用领域的技术等深度融合而成的数字化、网络化（互联化）和智能化技术手段，可构成数字化、物联化、虚拟化、服务化、协同化、定制化、柔性化和智能化的系统。这种系统集成的主要特点包括：

（1）用户中心化　系统以用户为中心，将用户的需求、行为和体验作为首要考虑因素。通过统一的用户接口和界面，用户能够方便地与系统进行交互，获取所需的信息和服务。

（2）人机协同　系统将人类用户和机械设备紧密结合起来，实现了人机协同工作，通过智能设备和传感器等技术手段，实时感知和收集物理环境的数据，为用户提供更加精准和个性化的服务。

（3）业务整合　系统对业务流程进行全面整合和优化，将各个业务环节紧密连接起来，实现信息的共享和流程的自动化。这有助于提高工作效率，降低运营成本，并增强企业的竞争力。

（4）信息集成　系统通过数据整合与数据挖掘等技术手段，将各种信息数据进行统一管理和分析。这有助于企业更好地了解市场需求和用户行为等信息，为决策提供有力支持。

在实现基于人-机-物-业务-信息的统一用户系统集成时，需要遵循以下步骤：

（1）需求分析　明确系统的目标和需求，包括用户需求、业务流程和信息数据等方面。

（2）架构设计　根据需求分析的结果，设计系统的整体架构，包括用户接口、机械设备、物理环境、业务流程以及信息数据等方面的整合方案。

（3）技术开发　根据架构设计，进行系统的技术开发，包括用户接口的设计与开发、机械设备的集成与控制、物理环境的感知与监测、业务流程的自动化与优化，以及信息数据的整合与分析等。

（4）测试与部署　完成技术开发后，应进行测试与部署，以确保系统的稳定性和可靠性。

（5）运维与优化　在系统运行过程中，应进行持续的运维与优化工作，确保系统的持续稳定运行，并根据用户反馈和市场需求进行不断改进和优化。

基于人-机-物-业务-信息的统一用户系统集成可以为企业带来多方面的价值，包括提高工作效率、降低运营成本和增强企业竞争力等。同时，它也有助于推动企业的数字化转型和智能化升级，为企业的可持续发展提供有力支持。

思 考 题

1. 什么是智能集成制造系统的主要挑战？举例说明可能的技术、组织或管理上的难题。

2. 在智能集成制造系统中，数据集成和分析的作用是什么？

3. 在实现智能集成制造系统时，如何促进跨部门的有效协作和沟通？

4. 标准化在智能集成制造系统中的重要性是什么？

5. 智能集成制造系统如何实现对生产过程的实时监控和反馈？这种实时性对生产效率和质量提升有什么具体影响？

科学家科学史
"两弹一星"功勋科学家：孙家栋

第 5 章

智能集成装备设计与运维

PPT 课件　　课程视频

　　智能集成装备设计与运维是现代制造业的核心组成部分，它涵盖了从装备的创新设计到高效运维的全方位管理。在设计阶段，人们注重集成先进的自动化、信息化和智能化技术，以提供功能强大、性能卓越且易于维护的装备。在运维阶段，人们运用大数据和人工智能等技术手段，实时监控装备的运行状态，实现故障预警和快速响应，确保装备的稳定运行和高效生产。智能集成装备设计与运维不仅提升了生产效率，降低了维护成本，还推动了制造业的智能化、数字化和可持续发展。

5.1 智能制造运维系统设计

5.1.1 运维系统框架设计

1. 系统架构

　　智慧化运维利用物联网、人工智能、云计算、移动通信和大数据等先进技术，对海量信息进行处理和分析，从而监控、预测、评估和管理设备的健康状况，它可在设备发生故障之前，通过综合多种信息资源进行早期监测和有效预测，降低安全事故发生率，提高管理效率，降低运营成本，实现效益最大化。下面以针对城市轨道交通钢轨系统的运维健康管理平台为例进行研究，该平台基于预测与健康管理（PHM），包含 4 个模块：部件监测模块、故障智能识别与定位模块、状态智能评做与预警模块、知识库建设与维护模块。其外部信息接入包括感知系统的检/监测数据、服役条件信息以及制度与检修履历信息。该平台旨在为用户提供监管报告和各类专业报告，以指导日常运维管理工作。

　　（1）感知系统

　　针对城市轨道交通钢轨系统的维护和运营所提出的综合感知网络架构，旨在通过技术研究和线路维护实践的融合，提高信息管理和智能化处理能力。钢轨还面临内部和外部损伤、表面磨损和断裂等问题，而且作为整个城市轨道交通系统的一部分，它对系统的平稳运行也起着关键作用。因此，钢轨的状态监测不仅包括个体部件的状态，还包括整个系统的运行状态。在部件监测模块中，对于不同类型的故障，相应的监测手段和检查频率如下：

1）对于钢轨表面的损伤，如擦痕、腐蚀和直线度偏差等，通过人工检查和机器人辅助的巡检系统进行每日巡查。

2）对于钢轨内部的裂纹和焊缝缺陷，通过使用综合探伤车的月检来识别，而季度检查则使用专门的小型探伤设备。至于钢轨表面的垂直和侧向磨损等，通过轨检车进行月度检查，季度检查则利用专业的小型磨损检测设备进行检查。

3）钢轨断裂是一种严重的故障，会对列车安全构成重大威胁，因此需要利用断轨监测系统对关键区域实施持续的实时监测。在监测系统的感知部分，应根据不同类型的故障，配置相应的检查设备，并设定相应的检查周期。

4）针对轨道动态不平顺问题，可通过轨检车和探伤车对轨道局部的几何超限及缺陷进行检测。同时，轨检车也被用于评估轨道系统的整体几何状态，包括轨距、轨向偏差、高低差异、超高、水平度、三角坑和曲率。对于轨道动态不平顺问题的检测，设定的周期为每月一次。

5）针对轨道静态不平顺问题，可利用高精度手持设备及手推式或自动驾驶的轨检设备对轨道的几何参数进行季度检测。对于综合不平顺情况，可通过轨检车和正常运行的列车进行月度添乘检测。对于特别关注的线路，可以利用正常运行的列车实施日常检测。

（2）多源数据融合

管理平台融合了感知系统检/监测数据、服役条件信息、制度与检修履历信息等多源信息，其数据类型多样，包括图像、视频、报表、文本、几何图形和地理数据等，覆盖了从生产到废弃的整个生命周期。管理平台致力于对钢轨系统的全生命周期大数据进行高效的采集、净化和精简处理，以最小的存储空间保留数据的核心特征，简化后续的数据处理和应用。管理平台以提高功能性为目标，系统化地整理了运维过程中的数据资产和逻辑结构，构建了分布式数据库中心，以此确保数据的可访问性、易读性、一致性和可扩展性。同时，管理平台还专注于轨道线路数据的抽象、可视化展示和交互式共享，以快速挖掘和展示数据价值，增强决策支持工具的实时性和用户友好性。

（3）智能运维与决策分析

为了减少维修次数，人们深入研究了基于车/线耦合系统动力学、轮轨接触疲劳可靠性分析以及摩擦磨损分析等机理模型，来探讨轨道线路部件故障的产生机理、演变过程以及对系统的影响危害和映射关系。利用部件状态检测数据、历史状态数据、维修履历以及外部环境因素等大量信息进行研究，着重开展了基于状态数据的轨道线路结构部件故障识别方法的探讨。通过研究轨道线路各结构之间的关联，设计了一种能够将浅层易检测结构状态反馈到深埋或隐蔽结构健康状态的映射关系模型。系统安全性评估以线上车辆运营安全和轨道线路结构本质安全为依据，根据部件故障影响危害和失效传递关系模型划分了系统安全性权重，建立了轨道线路系统安全性评估模型，以指导线路的运维管理。同时，以优化运维安全性和经济性为目标，考虑物资、人员和作业条件等限制因素，展开了轨道线路部件维修策略研究，为运维部门的维修工作提供支持。

2. 模块化设计

（1）故障智能识别与定位模块

故障智能识别与定位模块采用尖端的机器学习技术，对历史故障记录和实时监控数据进行深入分析，以发现潜在的故障征兆和不规则现象。该模块的目标是建立一个精确的数据模型，运用大数据预测技术来预警可能发生的故障，辅助实现预防性维护，有效减少故障率。在故障定位方面，模块采用高精确度的定位手段，结合全球定位系统（如 GPS 或北斗系统）和地理信息系统（GIS），能够准确标定故障地点，并在地图上明确显示，这大大加快了维修团队定位和解决问题的速度。为了增强可靠性，模块还支持多种数据源的集成，包括来自传感器的信号、来自监控系统的数据和设备状态信息等，这些数据经过有效整合后，可以提供全面的分析视角和维修决策依据。模块具备实时响应能力，能够迅速识别并反馈问题，最小化故障对系统运作的影响。此外，为了优化用户体验和提升决策效率，模块配备了可视化操作界面和报警机制，使得操作和维修人员能够通过直观的数据展示和及时的警报，快速把握系统状态，做出必要的应对措施，保障系统的持续稳定运行。

（2）状态智能评估与预警模块

状态智能评估与预警模块利用尖端的数据采集技术和传感器，对城市轨道交通的关键运行参数进行持续监控，包括列车运行情况、信号设备效能和电力供应的连续性等。这些实时数据被用来构建系统状态模型，目的是迅速发现任何非正常状况。模块实施智能评估，运用数据分析工具和算法，对收集的数据执行实时处理与分析，并与既定标准和模型进行对比，以识别潜在的故障和异常情况。例如，如果列车速度出现异常或系统性能指标降低，模块应能自动检测并触发警报，及时通知维护团队。预警机制的设计注重自动化和智能化，能够预测问题的发展并评估其可能造成的影响，而不只是对已发生的问题做出反馈。这种前瞻性方法有助于执行预防性维护，减少故障频率及维护开支。此外，预警信息的呈现形式应多样化，包括文本、图表和声音等，以适应不同维护人员的需求和工作场景。模块还支持数据可视化和报告生成，使维护人员能够全面理解系统的当前状态和发展趋势，从而做出更加明智的决策，增强系统的可靠性与稳定性，保障城市轨道交通的长期安全和高效运作。

（3）知识库建设与维护模块

知识库建设与维护模块精心规划了知识的架构、保存、搜索和更新流程。该模块致力于打造一个结构化的知识库体系，涵盖系统设备资料、运维指南、历史维修记录和故障案例等，并通过细致的分类和标签系统，优化知识的整理和检索过程。模块可利用尖端的知识图谱技术和本体建模方法，建立知识之间的语义联系，实现智能化的搜索和推荐服务，这将大幅提升运维团队检索信息的速度和准确性，进而提高解决工作问题的效率。此外，模块设计了用户友好的数据处理功能，可确保知识库内容的时效性和精确度。维护团队可以根据最新情况，轻松添加新知识点，更新现有信息，并执行审核与版本控制流程，保障知识库内容的高标准和可靠性。模块还支持多种知识共享和协作方式，如在线论坛、知识共享社区和共同编写等，这些功能促进了知识的广泛传播和团队成员间的相互学习，从而增强了整个组织的运维能力和问题处理能力。

3. 远程运维平台的方案设计与实现

城市轨道交通钢轨系统的远程运维平台通过构建一个分层和分级的管理架构来实现，该架构主要划分为两个层次和三个应用管理层级。在区域站点，功能被划分为两个主要部分：一部分承担系统调控的职责，另一部分专注于日常的区域远程运营和管理工作。

（1）双层次平台架构设计

该远程运维平台的架构由两个层次组成，即站域层和区域层。站域层的核心任务是将智能化的运维管理功能集成于多源数据融合，实现站域层的系统化。它采用状态智能评估与预警模块来执行实时数据收集、在线故障检测与诊断和数据传输等任务。区域层充当运维管理的独立运检中心，是站域运维的枢纽，负责接收和分发来自多个站域的数据，实现故障的智能识别与定位。

（2）平台三级应用管理

城市轨道交通钢轨系统的远程运维一体化工作侧重于优化智能远程运维的管理域和功能分配。例如站域层主要专注于监控信息的收集与分析，而区域层则收专注于使系统能自动检测故障并触发预警，以便及时通知维护团队。站域和区域运维平台的构建要点包括实现站域平台与区域平台的协同工作，以及构建面向对象的数据交换网络。站域平台应具备数据收集和存储能力，区域平台则承担主要的远程监控职责，将数据实时反馈至站域平台。运维平台还应提供统一的数据传输路径，以支持各类运维业务的迅速和有效实施。

4. 通信协议

Modbus 协议自 1979 年由 Modicon 公司开发以来，因其开放标准和结构简单的特点，在工业领域得到了广泛应用。Modbus 协议规定了两种通信方式：首先是 Modbus 串行通信，它通过 RS-232 或 RS-485 等串行通信接口实现数据传输；其次是 Modbus 传输控制协议（TCP）/Internet 协议（IP），它允许数据通过基于 TCP/IP 的网络进行传输。在 Modbus 串行通信中，有两种数据传输模式，即 Modbus RTU（采用二进制编码方式）以及 Modbus ASCII（使用 ASCII 字符集对数据进行编码，形成可读的字符串）。

Modbus 通信数据结构由四个核心部分组成：设备地址、功能码、数据域以及错误检测域。该协议并未包含数据加密、用户认证或数据完整性校验的机制，同样也缺少安全标记和时间戳的功能

Modbus 协议由于缺少身份验证过程和完整性校验，容易遭受重播、更改和欺骗攻击。攻击者能够轻易地模拟合法的 Modbus 主设备，对从设备发送的 Modbus 信息进行重复使用或根据需要进行修改。同时，由于缺乏完整性校验，消息不仅可以重新发送，还可能被恶意地修改。此外，通过伪装成从设备向主设备发送虚假信息也是可能的。例如，端口镜像技术

可以用来攻击 Modbus 协议，它通过设置网络设备的 span 端口来捕获和转发目标流量，从而获取数据包。随着人们对安全性需求的提升，Modbus 协议也经过了一系列的改进，衍生出了包括 Modbus-F2009、Modbus-S2015 和 Modbus-A2018 在内的新版本。这些新版本逐步引入了包括对称加密、非对称加密、认证和防止重播的机制，以此增强通信的保密性、完整性和真实性。Modbus-S2015 结合了 RSA 签名、SHA-2 安全哈希算法和 AES 加密，以提供额外的保密性。Modbus-A2018 则采用了质询-响应认证机制和 AES 加密，以进一步加强协议的安全性。

OPC 协议采用了客户端/服务器架构，确立了一套标准化的接口，允许 OPC 客户端与 OPC 服务器中的对象进行交互。其中，DA 接口是最常见的，它允许访问过程变量，并定义了标准化的实时数据读取操作，包括时间戳和状态信息。AE 接口作为 DA 接口的补充，用于事件和报警的传输。HD 接口则扩散了 DA 接口的功能，它允许历史数据的传输。DA XML 接口基于 DA 接口，使用 XML 格式对数据进行编码，增加了数据交换的灵活性。

OPC 的安全规范提供了一套可选的安全接口，以增强 OPC 对象的安全性。它基于 Microsoft Windows 的安全模型，通过实施访问控制，利用加密通道和令牌技术来保护安全对象的访问。访问决策基于访问控制列表（ACL）的规则，以确定是否接受特定的访问请求。

OPC 提供了三种安全服务选项，具体如下：

1）无安全项启用。

2）DCOM 安全：OPC 服务器的启动和访问权限被限定于特定的客户端。这种安全服务选项是分布式 COM 提供的默认设置，并且通常使用 DCOM 安全配置工具来维护（DCOM 是支持分布式 COM 应用程序的框架，虽然 DCOM 不是专门针对工业自动化设计的，但许多 OPC 的分布式实现都构建在 DCOM 之上）。

3）OPC 安全：OPC 服务器充当监控器的角色，管理对服务器中特定安全相关对象的访问权限。这种机制依赖于 DCOM 的编程安全特性，但标准本身并未明确指出哪些对象需要受到保护。为了实现 OPC 安全，需要开展 DCOM 安全设置，以允许对服务器接口的访问。DCOM 的安全特性包括连接安全、调用安全和数据包安全。OPC 安全规范主要关注服务器或对象的访问控制，它通过连接安全特性对客户端进行身份验证，但并不包括服务器的身份验证，也不提供消息的完整性验证或加密服务，同样不涉及数据传输过程中的保密性和完整性。OPC 的最新进展是 OPC UA，它在 2006 年推出，提供了加密和用户身份验证机制，其中包括会话加密，确保信息以 128 位或 256 位的加密强度安全传输；信息签名，确保接收到的信息签名与发送时的一致；数据包测序，通过排序机制防止信息重放攻击；认证机制，使用 OpenSSL 证书对每个 UA 客户端和服务器进行标识，实现应用程序和系统间的安全连接；用户控制，允许应用程序要求用户进行身份验证并控制其访问权限。然而，即便如此，OPC UA 仍然存在一些安全漏洞，例如可能遭受身份验证绕过和拒绝服务等攻击。

5.1.2　硬件系统选型与设计

下面以海上风力发电机组为例介绍硬件系统选型与设计。

1. 硬件系统选型

海上风力发电机组面临着严苛的工作环境，因此对控制系统的性能有着严格的要求。主控制器在海上风力发电机组中扮演着核心角色，它不仅承担机组的运行流程、偏航、变桨、制动、温度、液压以及噪声控制等关键控制任务，还承担着对关键部件的故障分析、维护管理、参数设定、数据存储和传输等重要职能。此外，通过集成的通信接口，主控制器还可实现海上风力发电机组的本地和远程数据通信功能。

海上风力发电机组主控制器的硬件结构如图 5-1 所示，其主要由核心处理器、数据输入接口、测量模块、通信接口和数据输出接口组成，主控制器一般为工控机、PLC、单片机或 DSP。这里以松下公司的 FP-XC38AT 系列 PLC 作为海上风力发电机组主控制器。

图 5-1　海上风力发电机组主控制器的硬件结构

FP-XC38AT 系列 PLC 的具体配置如下：

额定电压为 AC 100～240V，4 通道脉冲输出，高速两轴频率 100kHz，中速两轴频率 20kHz。

内置 4 通道模拟量输入和 2 通道模拟量输出，分辨率为 12 位（0～4000），模拟量 I/O 地址分别为模拟量输入 WX2、WX3、WX4、WX5 和模拟量输出 WY2、WY3。模拟量输入支持电压信号 0～10V、0～5V 和电流信号 0～20mA，需要对 WY2 进行写入数据并设定输入范围。

使用 F0（MV）这一 16 位数据传输指令，即可读取输入模拟量转换值或输出模拟量转换值。FP-X 系列 PLC 本身使用的是继电器符号/循环运算方式，根据用户使用的编程软件不同，可以用梯形图语言（LD）、功能块图（FBD）、顺序流程图（SFC）、指令列表（IL）和结构化文本（ST）方式编程。

FP-X 系列 PLC 的主控制单元能够直接连接最多 8 个同系列的扩展单元，并且通过使用 FP0R 扩展适配器，还可以额外连接 3 个 FP0R 扩展单元。此外，利用 COM 通信接口模块，可以增加 RS-232C、RS-485 或 RS-422 串行通信接口，以及以太网（Ethernet）通信接口的功能扩展。

海上风力发电机组的主控制器负责监视和控制多个关键组件，这些组件分布在机舱和塔底两个区域。机舱区域的关键组件包括但不限于叶片、发电机、变速箱、液压系统、偏航驱动器、避雷设施、各类传感器、冷却风扇及泵等；塔底区域的关键组件则主要包含变频器和避雷器等设备。这些组件产生的信号，如温度、转速、桨距角度以及电气参数（如电压和电流），可通过 PLC 的数字量输入（DI）和模拟量输入（Analog Input，AI）接口进行采集。PLC 不仅需要监测海上风力发电机组自身的运行参数，还需要收集箱式升压变压器、集电系统、升压站以及风电场用电系统的参数，包括三相电压、电流、频率以及有功和无功功率等。

2. 硬件系统设计

（1）故障诊断

海上风力发电机组的故障诊断，是指根据对机组进行状态监测所获得的信息，结合机组的工作原理、结构特点和运行状况，对有可能发生的故障进行分析和预报，对已经或正在发生的故障进行分析和判断，以确定故障的性质、类别、程度、部件及趋势，对维护海上风力发电机组的正常运行和合理检修提供正确的技术支持。故障诊断流程图如图 5-2 所示。

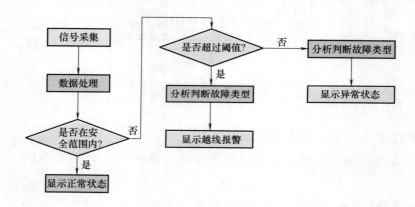

图 5-2　故障诊断流程图

其中，数据处理即对机组的原始采集数据进行运算，在求取平均值、最大值、最小值、方差、缺额插值和滤波等操作后，获得经过处理后的风速、风向、风机转速、偏航角、桨距角、温度和压力等信息。

（2）变桨控制

目前，主流的海上风力发电机组均为变桨距风力发电机组，变桨距风力发电机组能够改善机组的受力，使其与发电机的转差率调节配合，优化功率输出，且比定桨距风力发电机组的额定风速低、效率高，不存在高于额定风速时的功率下降问题。变桨距风力发电机组在低风速起动时，变桨距控制会将桨距角调节至最佳角度，使风轮起动转矩最大。在起动过程中，桨叶从顺桨位置 90° 变为 0°，风轮速度上升，当达到并网转速时，主控制器下达并网指令，并网成功后返回成功信号给主控制器。

当海上风力发电机组正常运行在低于额定风速的情况下，主控制器的桨距控制将桨距角保持为 0°；在高于额定风速的情况下，桨距控制可有效调节海上风力发电机组吸收功率，即叶轮产生载荷，使其不超过速度上限并稳定保持在额定速度上。

（3）偏航控制

海上风力发电机组的偏航系统的作用是当风速矢量的方向变化时，能够快速平稳地对准风向，使风轮获得最大的风能。

海上风力发电机组的偏航控制机构通常由风向标、偏航驱动器和偏航制动器组成。风向标捕捉风向变化，并将这些变化转化为电信号，发送至作为主控制器的 PLC。在正常工作条件下，偏航控制系统会与风轮同步转动。一旦风轮主轴与风向标指示的方向出现偏差，PLC 就会向偏航驱动器发出指令，使其按指定方向旋转，引导风轮调整至迎风位置。完成对风后，风向标停止发送信号，偏航驱动器停止工作，偏航控制过程结束。在海上风力发电机组的运行过程中，如果偏航角度过大，可能会导致电缆缠绕，影响机组的安全和稳定运行。为避免这种情况，当偏航角度超过预设的安全阈值（例如 108°）时，系统将自动启动解缆程序，使机舱旋转 180°以释放缠绕的电缆，从而恢复海上风力发电机组的正常发电功能。

5.1.3　运维软件系统设计

1. 控制系统软件开发流程

依据既定的控制体系结构，对控制流程进行详细分析，可以得出系统的调度顺序，如图 5-3 所示。控制系统在接收到生产任务后，会首先依据任务详情对生产调度所需的参数进行配置（包括算法的初始设定、任务数量和各部件的加工时间等）。接着，系统会调用生产调度函数来计算生产计划，得出初步的生产安排，并对这一安排进行优化，形成生产线的加

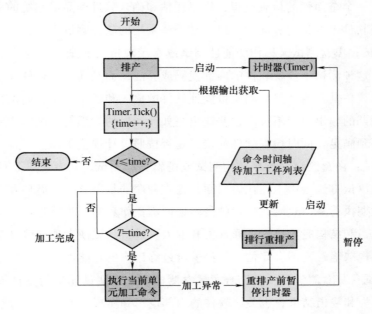

图 5-3　系统的调度顺序

工时间表。随后，控制系统会根据这一时间表来组织生产活动。

系统内置的定时器在确定了生产时间表后立即启动，周期性地检查当前是否存在待执行的加工指令。如果存在，则按照指令执行。如果加工任务顺利完成，则系统会继续等待并执行下一条指令。如果在加工过程中遇到问题，则控制系统会根据问题的具体类型重新安排生产计划，并放弃当前任务，转而等待执行下一条指令。如果在生产过程中需要重新安排生产，则控制系统将暂停内置的定时器，并根据出现的问题重新设置生产调度参数，调用生产调度函数。一旦新的生产计划生成，系统将重新启动定时器，并根据更新后的生产计划继续执行生产任务。

以下是会触发重新安排生产计划的情形：

1）当接收到新的生产订单，并且该订单的优先级高于当前正在处理的工件时，系统会重新安排生产，确保新订单的工件优先加工，即使这可能意味着需要中断当前的生产流程。

2）如果某台机器发生故障，无法继续执行加工任务，则控制系统必须将原定在该故障机器上加工的工件重新分配给其他具备相同功能的机器。

3）当机器人接到搬运指令，但发现起始位置的机器尚未完成加工，这可能是由于机器故障或非故障原因导致的加工延迟。在这种情况下，如果接收到机器未完成加工的信号，控制系统应假定该机器出现故障并重新排产，如果机器随后发送出加工完成的信号，表明机器运行正常，控制系统应再次排产，恢复对该机器的加工任务分配。这些情况要求控制系统具备灵活的调度能力，以便在生产过程中遇到各种变化和突发情况时，能够迅速做出反应并优化生产计划。

2. 软件测试

软件测试是一个全面性的检查过程，用于评估和确认软件产品或系统的质量和性能，其主要目的是识别软件中的错误和问题。以下是一些常用的软件测试方法：

1）黑盒测试：黑盒测试又称作功能性测试或基于规格的测试，其专注于软件的外部表现和用户界面。这种测试不涉及软件的内部代码或算法，而是通过检查软件是否按照既定的功能规则执行来评估其行为。黑盒测试可验证软件的输入和输出关系，确保程序对于给定的输入能够产生预期的输出，但不关心这些输出是如何产生的。黑盒测试的主要目的是确保软件的功能需求得到满足，同时检查软件的接口是否按照设计规范工作。

2）白盒测试：白盒测试又称作结构测试或逻辑驱动测试，其专注于软件的内部结构和逻辑路径。这种测试方法会深入到代码层面，检查程序的每个分支、循环和逻辑判断点，确保它们都能按预期执行。白盒测试的目的是验证内部操作和实现细节是否符合设计规范，包括代码的路径覆盖和结构完整性。它通常由开发人员进行，以便发现和修复隐藏在软件内部的逻辑错误和结构缺陷，而不会评估软件提供给最终用户的功能性。

3）灰盒测试：灰盒测试是一种结合了黑盒测试和白盒测试元素的测试策略。它不仅关注软件的外部行为和输出结果，也关注软件的内部逻辑和实现。通过这种方法，测试人员能够在一定程度上了解软件的内部工作机制，同时评估其对用户输入的响应。灰盒测试的目的是在不完全依赖于代码细节的情况下，对软件的功能性和内部结构进行全面的验证，以确保最终产品既满足用户需求，也具有高效的内部处理能力。

4）自动化测试：自动化测试是通过使用专门的软件工具和自动化脚本来执行测试过程的一种方法。这种方法特别适用于对软件进行持续的、可重复的测试，尤其是在性能测试和回归测试方面。自动化测试的目的是提升测试工作的效率，减少人为错误，同时降低因手动测试而产生的时间和资源成本。通过自动化测试，测试人员可以快速地在软件的多个迭代中识别问题，确保软件质量的一致性和可靠性。

5）压力测试：压力测试是一种性能测试方法，它通过模拟极端的使用情况和高数据流量来评估软件在高负载条件下的行为和可靠性。这种方法的目的是确定软件在用户数量激增或数据量剧增时的响应能力，以及它在面临故障时的恢复和处理能力。通过压力测试，测试人员可以确保软件系统在超出常规操作负载时仍能保持所需的性能水平和稳定性。

6）安全测试：安全测试是指通过模拟攻击和漏洞来测试软件的安全性和可靠性。

3. 控制系统性能优化

传统控制理论在应用中面临的难题包括：

1）传统的控制系统设计和评估过程通常以对系统有一个精确的数学模型为基础。然而，实际应用中的系统往往具有复杂性和非线性特征，以及随时间变化的特性、不确定性因素以及信息不完整等属性，这些因素导致很难，甚至不可能得到一个完全精确的数学模型。

2）研究控制系统时，必须提出并遵循某些特殊的前提，但在实际应用中，这些前提可能无法满足。

3）对于某些具有高度复杂性和不确定性的控制系统，使用传统的数学建模方法来准确描述它们的行为是不可行的。

4）为了增强性能，传统控制系统可能需要变得更加复杂，这不仅增加了初始设备成本，还可能导致维护成本上升，进而影响整个系统的可靠性。

自动控制理论在传统控制理论的基础上取得了进步，并展现出发展潜力，但在目前的发展阶段，自动控制理论同样面临着一些关键性的挑战，主要包括：

1）科学技术领域的交叉影响和相互促进，例如计算机科学、人工智能技术和集成电路技术的发展。

2）当前和未来技术应用的需求，如航天技术、海洋工程技术和机器人技术等领域的需求。

3）基本概念和时代发展的趋势，包括离散事件驱动、信息高速公路、网络技术、非传统建模方法和人工神经网络的融合机制。

面对这些挑战，自动控制领域的专家已经提出了新的控制理念和方法，例如采用不完全基于模型的控制系统、基于离散事件驱动的动态系统，以及在本质上具有明显离散特征的系统。系统和信息理论以及人工智能的概念和方法已经开始深入到建模过程中，模型不再被视为静态的，而是被视为动态发展的实体。开发的模型也不仅包括传统的解析和数值数据，还融入了定性和符号数据。这些模型具有因果关系和动态性，表现出高度的非同步性、非解析性，甚至包括非数值性。对于不完全已知的系统和那些无法用传统数学模型描述的系统，需要建立相应的控制规律、算法、策略、规则和协议等理论。

本质上，这些挑战要求开发智能化的控制系统模型，或者创建传统解析方法与智能技术相结合的混合（集成）控制模型。其核心目标是实现控制器的智能化，以适应不断变化的系统特性和外部环境。

5.2 数据采集与存储

5.2.1 传感器网络设计

传感器网络是由多个传感器节点组成的自组织网络，它可以是有线或无线的，多个传感器节点共同工作，以监测、收集并处理其监测范围内目标对象的信息。这些信息随后会被传递给相关的接收者或观察者。这种网络的设计允许分布式的数据收集和处理，提高了对环境或特定现象的感知能力。为特定的应用场景定制传感器网络的研究，展现了传感器网络设计区别于传统网络设计的明显特点。

无线传感器网络作为物联网的关键组成部分，在多个领域发挥着重要作用，它的影响范围覆盖了从日常生活到社会生产活动的各个方面。这些网络在工业、农业、国防、环境监测和医疗保健等传统行业已经显示出重要的价值。同时，在智能家居、健康监护和智能交通等新兴领域，无线传感器网络也展现了其独特的优势和潜力。

随着技术的进步和应用的深入，未来无线传感器网络将更加普及，它们将更加深入地融入人类生活的各个角落，成为日常生活中不可或缺的一部分。

无线传感器网络体系结构如图 5-4 所示。

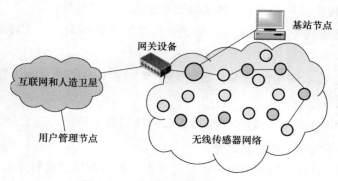

图 5-4　无线传感器网络体系结构

1. 网络拓扑结构

网络拓扑控制技术是无线传感器网络中解决链路连通性问题的关键技术之一，它专注于对网络中节点工作状态的管理。通过这种控制，关键节点能够形成稳固的网络连接，同时去除不必要的冗余链路。在合理调节节点发射功率的基础上，可以减少因信号强度过高而引起的干扰，降低能量消耗，使节点能够持续工作更长时间，从而延长网络的生命周期。通过有效的网络拓扑控制技术，可以形成优化的网络结构，这不仅有助于提升路由协议和媒体访问控制（MAC）协议的效率，还为数据聚合、时间同步和定位服务等提供了必要的基础。这些因素共同作用，有助于整个网络的长期稳定运行和性能提升。

无线传感器网络的架构由节点在网络中的角色和地位决定，并呈现出多样化的形态，其主要可以分为集中式、分布式和混合式三种基本类型。若从节点的功能和结构层次来考察，还可以进一步细分为平面网络、层次网络、混合网络以及 Mesh（网状）网络结构。这些不同的拓扑形态对网络通信协议的设计难度和整体性能有着显著的影响。

（1）平面网络结构

在众多网络拓扑结构中，平面网络结构因其简洁性而著称，如图 5-5 所示，其特点是网络中的各个节点在功能和特性上完全相同，没有主从之分。这种一致性使得网络拓扑结构易于理解和维护，且由于节点的同质性，网络通常表现出较好的稳定性。

然而，平面网络结构由于缺乏中心控制节点，每个节点都需要自行组织和管理网络连接，这可能导致网络算法的复杂性增加。此外，由于没有专门的网管节点来协调通信和管理任务，这种网络结构的扩展性和故障恢复能力可能受到限制。尽管如此，平面网络结构因其简单性和去中心化的特点，在某些应用场景下仍然非常适用。

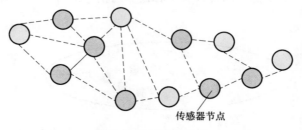

传感器节点

图 5-5　平面网络结构

（2）层次网络结构

层次网络结构是一种扩张型的网络拓扑结构，如图 5-6 所示。该网络结构由上层的骨干节点形成的子网和下层的传感器节点（一般节点）形成的子网组成。骨干节点负责数据汇聚，而一般节点形成的子网则采用平面网络结构。在层次网络结构中，一般节点相较于骨干节点在功能上更为简单，数据处理能力也有限。

在层次网络结构中，节点根据其功能的不同被划分为簇首节点和成员节点。与平面网络结构相比，层次网络结构更容易扩展，因为簇内通信必须通过簇首节点来完成，这使得网络更易于管理。此外，以簇为单位的信息交换有助于降低构建成本，同时提高网络的覆盖率和可靠性。

然而，由于层次网络结构通常以簇的形式存在，可能会带来较大的集中管理开销。为了降低成本，人们通常会采用减少硬件功能的方式，限制一般节点间的直接信息交换。这种设计虽然减少了一般节点间的直接通信，但通过簇首节点的集中管理，可以更有效地控制数据流动和网络资源，从而优化网络性能。

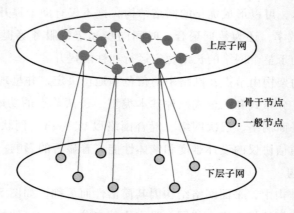

图 5-6　层次网络结构

（3）混合网络结构

混合网络结构是一种融合了平面和层次网络结构的复合型网络拓扑结构，如图 5-7 所示。在这种结构中，节点被区分为骨干节点和一般节点，骨干节点负责收集和处理来自一般节点的信息。与平面网络结构和层次网络结构不同的是，一般节点在混合网络结构中形成了一个平面网络，因此一般节点之间可以直接相连和通信，这有助于提高数据传输效率，降低传输延迟。

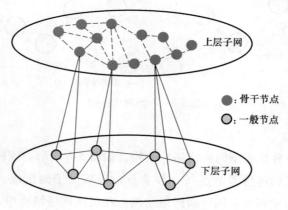

图 5-7　混合网络结构

（4）Mesh 网络结构

Mesh 网络结构也是一种平面网络结构，但其特点是网络中的每个传感器节点都遵循一定的规则和模式与其他多个邻近节点相连，如图 5-8 所示。这种多链路的特性为网络提供了丰富的冗余路径，从而增强了网络的鲁棒性和抗故障能力。与简单的平面网络结构相比，Mesh 网络结构允许某些节点承担额外的任务，类似于簇首节点的作用。如果簇首节点发生故障，Mesh 网络结构能够迅速地将这些职责转移给其他节点，确保网络的持续运行和功能完整性。这种自我组织和自我修复的能力是 Mesh 网络结构的重要优势。此外，由于 Mesh 网络结构的传感器节点通常采用短距离通信，这有助于减少信号干扰，提升网络的整体吞吐量和频谱效率。因此，Mesh 网络结构在设计无线传感器网络时，因其灵活性和高效性而被广泛采用。

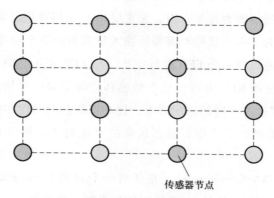

传感器节点

图 5-8　Mesh 网络结构

2. 通信协议体系结构与通信协议

通信协议体系结构是网络通信协议的集合，它定义了网络及其组件应执行的功能和操作。对于无线传感器网络而言，其通信协议的结构与 TCP/IP 结构相似，但又有别于传统的计算机网络和通信网络。如图 5-9 所示，通信协议体系结构被划分为若干个层次，包括物理层、数据链路层、网络层、传输层和应用层。

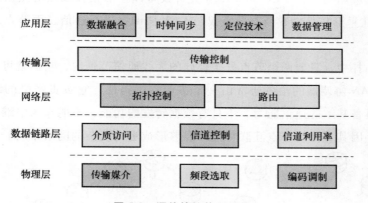

图 5-9　通信协议体系结构

随着国际技术标准的演进，无线传感器网络技术也经历了显著的发展。在 21 世纪初，国际学术界广泛开展了对无线传感器网络技术的研究。其中 IEEE 802.15.4 标准是为低速无线个人区域网（Low-Rate Wireless Personal Area Network，LR_WPAN）量身定制的一项标准，它在工业监测、控制和自动化等多个领域得到了广泛应用。众多研究机构也选择 IEEE 802.15.4 作为无线传感器网络通信的基准协议，而 ZigBee 协议则是在此标准的基础上进一步发展起来的。

（1）IEEE 802.15.4

IEEE 802.15.4 定义了两种类型的设备：全功能设备（Full-Function Device，FFD）和简化功能设备（Reduced-Function Device，RFD）。这些设备在通信能力上存在差异。FFD 具备完整的网络通信能力，能够与网络中的所有其他设备直接通信，并能够承担网络中的多种角色。相比之下，RFD 的通信能力较为有限，它主要用于与 FFD 进行通信。

RFD 的设计初衷是为了满足那些不需要传输大量数据的简单应用场景。在这些场景中，RFD 通常在特定时间段内只与一个 FFD 进行交互。与 FFD 相比，RFD 在处理能力和内存资源上通常更为有限，这使得 RFD 更适合成本敏感和资源受限的应用环境。通过这种设备分类，IEEE 802.15.4 能够适应不同的应用需求，提高网络的灵活性和扩展性。

在 IEEE 802.15.4 的网络结构中，根据设备的功能特点，可以划分出三种主要的节点类型：

1）PAN 协调器（PAN Coordinator）：在任何一个遵循 IEEE 802.15.4 的网络中，PAN 协调器是唯一的，它承担着组建网络、进行初始化设置、选择通信信道和管理网络节点等关键职责。

2）协调器（Coordinator）：协调器是基于 FFD 的节点，它们具备数据转发的能力，可辅助 PAN 协调器进行网络通信和维护工作。

3）普通节点（Device）：这类节点可以是 RFD 或 FFD，它们的基本功能是进行数据的接收和发送，但不参与数据的中继或转发。

根据特定的应用场景，IEEE 802.15.4 允许设备以星形拓扑或点对点拓扑进行组织，如图 5-10 所示。在星形拓扑中，所有节点仅与 PAN 协调器进行通信，而节点之间不能直接交换信息。

在点对点拓扑中，只要两个节点处于彼此的无线通信范围内，它们就可以直接通信。在这种结构中，PAN 协调器的角色通常由一个协调器来担任，它负责网络的组建和管理。普通节点通常只具备基本的通信能力，不具有数据转发的功能，不能作为中继节点传播数据消息。点对点拓扑因其直接的节点互联特性，能够形成更为复杂的网络布局。

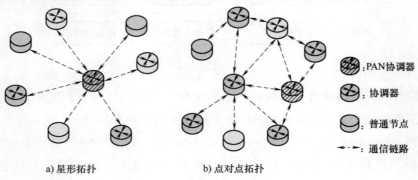

a) 星形拓扑　　　　b) 点对点拓扑

图 5-10　星形拓扑和点对点拓扑

（2）ZigBee

ZigBee 是在 IEEE 802.15.4 的基础之上定义的。ZigBee 的架构如图 5-11 所示，协议栈每一层都具有各自的功能，可向其上一层提供数据服务或管理服务。

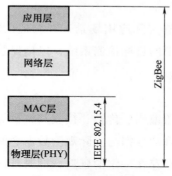

图 5-11　ZigBee 的架构

物理层在协议栈中扮演着基础的角色，它向媒体访问控制（MAC）层提供必要的数据和管理服务，并在 MAC 层与无线通信信道之间架设起一个接口。物理层的核心职责是将数字比特流转换成无线通信信道能够处理的信号形式，确保数据能够在无线环境中有效传输。

MAC 层在网络协议栈中承担着数据传输和管理的关键角色。它利用物理层提供的数据服务功能，在无线通信信道上实现 MAC 层协议数据单元（MPDU）的发送和接收。MAC 层的主要职责包括信标管理、时隙管理、信道接入管理和可靠传输管理。

此外，MAC 层还提供了一系列方法来支持无线通信信道的安全机制，增强数据传输的安全性。通过这些功能，MAC 层确保了无线网络中的有效和安全通信。

网络层依托于 MAC 层提供的稳定数据通信能力，承担着路由发现、设备入网、设备退网以及多跳数据传输等关键功能，以确保网络的星形或点对点拓扑得以实现和维护。在这一层面上，普通节点主要具备加入网络和离开网络的基本功能。而协调器节点则拥有更为复杂的路由功能，它们负责转发数据信息和管理邻近节点等任务。PAN 协调器节点则担负着更为全面的任务，包括网络的建立、维护和管理等。

3. 数据采集与传输优化

数据采集指的是将传感器捕获的模拟信号转换成数字格式，并将其发送至上位机的过程，这一过程实质上是传感器信息的数字化转换。在智能传感器技术中，数据采集通常作为一个内置功能，直接嵌入在智能传感器的硬件和软件系统中。

为了保障感知数据的稳定采集和传输，传统数据采集系统往往采用多种数据传输的冗余机制，例如多路径传输和数据重传等策略，这些手段是当前传感器网络确保通信可靠性的关键方法。例如在目标跟踪系统的数据采集中，首先要确保数据的准确性和传输的实时性。由于数据重传机制可能会影响系统的实时性能，因此需要开发一套高效的数据采集机制来满足这些要求。

（1）数据准确性

数据准确性描述了传感器节点收集的数据与基站最终提供给用户的数据之间的一致性。不同的网络应用对数据的精确度有不同的需求和评价标准。例如，在环境监测领域，对数据采集的精确度要求可能相对宽松，允许一定程度的数据偏差。相反，在目标跟踪等应用场景中，对数据的精确度要求则非常严格。

为了满足这些需求，需要根据实际应用场景选择合适的滤波算法和传感器数据采集策略。这涉及开发能够适应特定要求的目标检测系统，以确保数据收集的准确性和及时性，从而提高系统的整体性能和可靠性。

（2）时延误差

数据采集完成后，通常要经历编码、传输、接收和解析等步骤，这些步骤都需要消耗时间来处理数据。因此，人们接收到的数据与实际观测数据之间存在一定的时间差异，这意味着数据收集并非完全同步的，而是存在一定的延迟，即时延误差。这种延迟在传感器节点与跟踪器之间的数据传输中表现为滞后性，可以用时间延迟来量化。

在目标追踪等对实时性要求较高的应用中，传感器网络的设计目标是尽可能降低时延误差。相比之下，一些对实时性要求不高的应用，如环境监测，其系统则可以容忍更大的时延误差。不同的应用场景根据其对数据实时性的需求不同，对数据传输的时效性要求也有所区别。

（3）信号干扰

在目标监测过程中，环境电磁干扰和其他噪声产生的信号干扰是不可避免的，这可能导致数据采集过程中的数据失真，甚至数据丢失。因此，传感器节点必须具备一定的抗信号干扰性能。由于传感器节点收集的数据可能不完整或存在错误，对于这些异常数据的处理，需要根据具体的应用场景来做出合适的决策。

针对不同应用场景中的异常数据问题，目前有许多数据恢复技术被开发出来，它们各有优势和局限性。这些技术包括基于统计的插值技术、机器学习算法技术和信号处理技术等，旨在从部分数据中推断并重建缺失的数据。选择合适的数据恢复技术对于提高数据的准确性和可靠性至关重要。

（4）直接删除法

直接删除法是一种数据处理方法，它通过从数据集中移除异常数据来简化数据集。直接删除法更适用于数据集较大且异常数据占比较小的情况，尤其是在数据的整体变化趋势不明显时，直接删除少量的异常数据对整体分析结果的影响较小。

然而，当数据集本身较小或异常数据占有一定比例时，直接删除这些数据可能会导致重要信息的丢失。这不仅可能浪费网络通信资源，还可能因为丢失关键信息而对预测结果产生误导，导致最终的预测结果与目标的真实结果出现显著偏差。在极端情况下，使用错误的数据处理方法甚至可能会得出与实际情况完全相反的结论，对系统的决策产生严重的负面影响。

（5）特殊值替代法

特殊值替代法是一种处理缺失数据的方法，它通过使用具有相似特性的数据的统计量，如平均值、众数或邻近的值，来替换缺失数据，以此维持数据序列的完整性。这种方法与直接删除法相比，更适用于缺失数据量较小的情况。由于感知数据的特性，替代值通常能够较好地接近真实值。但是，当缺失数据的比例较高时，可能需要考虑采用其他更复杂的数据恢复技术。

在使用特殊值替代法时，通常的做法是使用观测数据的平均值来填补缺失的部分。如果待恢复的数据集符合或近似符合正态分布，那么使用平均值作为替代就是一个有效的策略。这种方法简单易行，能够在一定程度上保持数据的统计特性，但同时也可能引入估计误差，特别是在数据分布不均匀或存在极端值的情况下。

（6）估值算法

估值算法是一种能够从现有数据中识别模式和规律，并据此提取数据集中隐含信息的方法。当数据出现丢失时，估值算法可以根据系统的内在特征来预测缺失数据的可能状态。估值算法的预测准确性依赖于所使用的具体模型，一些常用的估值算法包括人工神经网络预测、压缩感知数据恢复算法和卡尔曼滤波估计（一种递归滤波器，能够在有噪声的观测数据中估计动态系统的状态）。

与直接删除法或特殊值替代法等缺失数据处理方法相比，估值算法在处理复杂跟踪系统中的缺失数据时，能够更准确地估计出数据的真实值。因为估值算法考虑了数据之间的相互关系和系统动态，提供了更为精细和准确的预测。

5.2.2　数据采集

1. 实时数据采集方法

（1）系统日志采集方法

很多互联网企业都有自己的海量数据采集工具，它们多用于系统日志采集，如 Hadoop 的 Flume 和 Kafka 的 Sqoop 等，这些采集工具均使用分布式架构，能满足每秒数百 MB 的日志数据的采集和传输需求。

（2）网络数据采集方法

网络数据采集涉及使用网络爬虫技术或利用网站的公开应用程序编程接口（API）来从互联网上收集信息。这个过程能够将网页上的非结构化内容提取出来，并转换成一种结构化的格式，以便存储和分析。通过网络数据采集，可以将数据保存为本地文件，包括但不限于文本信息、图片、音频和视频等。在这个过程中，相关附件可以自动与相应的正文内容建立联系。

此外，对于监控网络流量的需求，可以采用深度包检查（DPI）或数据流指纹识别（DFI）等带宽管理技术来进行数据的捕获和分析。这些技术能够帮助理解和管理网络中的流量模式，为网络优化和安全提供支持。

（3）数据库采集系统

许多企业依赖于传统的关系型数据库（如 MySQL 和 Oracle）来管理和存储数据，但与此同时，企业也越来越多地采用 NoSQL 数据库（例如 Redis 和 MongoDB）来收集和处理数据。这些数据库能够灵活地应对不同格式和结构的数据，由此适应现代企业对数据处理多样化的需求。

企业在日常运营中生成的业务数据，通常以数据库记录的形式被实时地写入数据库采集系统中。数据库采集系统与企业的业务服务器紧密集成，以确保业务活动产生的数据能够被实时记录和存储。随后，这些累积的数据会被专门的分析系统所处理，以提取有价值的信息。

鉴于企业的生产和经营数据往往涉及敏感信息，因此需要确保数据的保密性和安全性。企业可能会选择与信任的合作伙伴或研究机构合作，通过安全的系统接口和数据采集协议来收集数据。这种做法可在保护数据隐私的同时，实现数据的有效利用和分析。

2. 数据清洗

在大数据时代，进行数据分析并据此做出准确判断的前提条件是对数据进行彻底的清洗。大数据的复杂性体现在其庞大的体量，多样的类型，快速的流转以及数据的准确性上。在这些维度中，大数据集合内常常混杂着不完整、过时或不准确的数据。数据清洗的目的就是将这些存在缺陷的"脏"数据转化为准确、可靠的高质量数据，以供专家使用。数据清洗的过程包括去除重复记录，纠正错误，处理缺失值和统一数据格式等步骤，这些步骤对于提升数据的整体质量至关重要。高质量的数据不仅能提高分析的准确性，而且还是提供高水平知识服务和决策支持的基石。

5.2.3　数据融合

1. 数据融合的方法

数据融合是一个具有多个层次和阶段的复杂数据处理过程，它涉及从不同的信息源自动收集数据，并进行识别、关联、评估和综合分析。数据融合的方法如图 5-12 所示，作为一个跨学科的研究领域，数据融合涵盖了多种理论和技术。

在数据融合领域中，一些学科已经具备了较为成熟的理论和实践基础，能够支持具体的应用实践。例如，贝叶斯方法提供了一种基于概率的决策方法，多传感器数据采集技术允许系统从多个传感器处获取信息，多目标跟踪方法则能够处理和分析多个移动目标的数据。

同时，也有一些学科仍在持续发展和完善之中，它们在数据融合领域的应用中展现出巨大的潜力，但仍需要进一步的研究和探索，例如智能化方法中的遗传算法和深度学习方法，以及模糊推理方法，这些方法在处理复杂问题和提供决策支持方面具有独特的优势。

2. 多传感器数据融合

多传感器数据融合技术起源于 20 世纪 70 年代，最初主要服务于军事目的。这项技术也被称作信息融合，它是一种综合多源信息的分析处理技术。多传感器数据融合通过对来自不同传感器的监测同一目标的数据进行整合和分析，来获得超越单个传感器能力的更准确和全

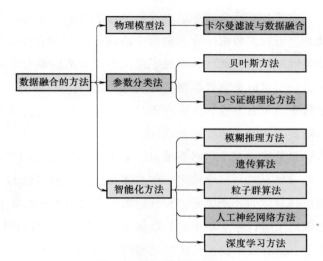

图 5-12　数据融合的方法

面的评估或决策。在军事应用领域，Waltz 和 Llinas 给出的数据融合定义被广泛认为是准确的，他们认为数据融合是一个包含多个层次和方面的处理过程。这个过程涉及对多源数据执行检测、关联、相关性分析、估计和合成，目标是以更高的精度和置信度获取目标状态的估计和身份识别，以及全面的态势感知和威胁评估，从而为决策者提供有价值的信息。通常，数据融合在狭义上指的是涉及多个传感器和目标的跟踪任务。而在广义上，数据融合的概念可以扩展到各种类型和来源的数据的汇总和分析处理过程。

多传感器数据融合按结构划分，可分为集中式、分布式以及混合式三大类。

在空中目标跟踪领域，集中式和分布式数据融合也分别被称为量测融合和航迹融合。集中式数据融合对融合中心的处理能力及通信带宽的要求较高，一旦融合中心失效则整个系统就会瘫痪。分布式数据融合对融合中心的处理能力及通信带宽的要求则相对较低，同时还具有较强的生存能力和可扩展能力。

集中式数据融合将所有传感器捕获的测量数据汇集到一个中央处理单元中，由该单元负责所有的数据处理任务。例如，在利用雷达和红外等多种检测设备对移动目标进行跟踪的场景中，集中式数据融合会将所有传感器收集的原始数据，不经任何预处理，直接发送至中央处理单元。在中央处理单元中，这些数据会被综合分析，以产生融合后的目标测量数据。

获得融合数据后，系统通常会采用卡尔曼滤波等算法对目标进行精确跟踪。卡尔曼滤波是一种数学方法，能够在有噪声的情况下估计动态系统的状态。在集中式数据融合中，这种方法被用来处理融合后的数据，以预测并更新目标的轨迹。

分布式数据融合允许各个传感器在完成对特定参数的初步测量后，首先进行它们自己的局部估计。这些局部估计的结果随后会被传输到一个融合中心，该中心负责进行最终的综合参数估计。在这种结构下，每个传感器都能独立地处理收集的信息，并将处理后的决策结果传输到融合中心。融合中心将这些结果进一步整合，以形成对目标或现象的全面认识。相比于集中式数据融合，分布式数据融合减少了对通信带宽的需求，因为只有局部估计的结果需要在网络中传输。此外，分布式数据融合的融合中心需要处理和存储的数据量也相对较小。这种架构提高了多传感器系统的灵活性，增强了系统在部分传感器失效时的生存能力，并且由于数据处理在本地进行，可以加快数据融合的速度。

然而，分布式数据融合也有缺点，主要在于融合中心可能无法获得所有传感器的完整原始数据，这可能会影响最终估计的精度和全面性。

一个分布式多传感器系统由多个传感器节点、处理单元以及它们之间的通信网络构成。在这个系统中，每个处理单元都与一个或多个传感器相连，形成所谓的"簇"。传感器收集到的数据首先被传输给其对应的处理单元，在处理单元中进行初步的数据整合。随后，各个处理单元将各自的处理结果进行汇总和融合，以实现更高层次的数据分析和决策支持。这种分层的数据处理和融合方法有助于提高系统的效率和准确性。

在分布式数据融合中，传感器节点具备对原始数据进行预处理的能力，这一步骤在数据传输至融合中心之前完成。通过在本地进行数据的压缩和初步分析，可以减少传输到融合中心的信息量，从而降低对通信带宽的需求，并减少了系统的成本。这种数据融合方式的优势在于，它允许系统利用现有的高速通信网络来执行复杂的算法处理，从而获得更高质量的数据融合结果。

在混合式数据融合中，既包含集中式数据融合，也包含分布式数据融合，它可以由两种数据融合方式组合而成。

3. 数据融合在智能装备中的应用

当前，数据融合方法主要分为两大类。第一类是随机类方法，这些方法基于概率论和统计学原理，如卡尔曼滤波与数据融合 D-S 证据理论方法、贝叶斯方法；第二类是人工智能类方法，这些方法会模仿人类的思维和决策过程，如人工神经网络方法、深度学习方法等。

随着无线传感器网络技术的发展，数据融合已被广泛应用于环境监测等多种场景，提高了监测数据的准确性和可靠性。

例如，药品阴凉库可用来存放对温度敏感的药品，因为温度是影响药品稳定性的关键因素。适宜的存储温度对于延长药品的有效期，降低药品的损耗具有重要意义。一般来说，药品阴凉库的理想存储温度范围是 0~20℃，为了维持药品的存储标准并有效利用资源，必须对药品阴凉库的上层空间进行持续的环境监测，以获取实时数据，从而及时调整温度。传感器是获取这些监测数据的基本工具，但单个传感器所提供的信息可能不够全面，且其测量精度可能无法满足高标准的要求，进而影响监测结果的可靠性。

为了获得更精确和可靠的环境温度数据，可以建立无线传感器网络，并部署多个点位的温度传感器来进行综合测量，而在结合数据融合技术之后，还可以进一步提升温度监测的准确性和效率，实现对药品阴凉库环境温度的实时、精确监控。这种方法不仅提高了监测的质量，也为药品的安全管理提供了强有力的支持。

5.2.4　数据存储与管理

1. 实时性能监测系统

传感器是自动化系统中不可或缺的组成部分，它们起到监测和感知的作用，可以持续追踪生产过程的状态，并为决策提供数据支持。传感器所提供信息的准确性和及时性，以及系统的可靠性对于生产监控和评估至关重要。只有传感器本身稳定运行，才能确保对生产对象的有效监控，并为生产和决策提供准确可靠的数据。

传感器常常安装在条件较为严酷的环境中，这些环境可能会随着时间的推移对传感器的性能产生负面影响，甚至导致故障。据相关统计，控制系统中的故障有大约 80% 与传感器和执行器有关。因此，在控制系统的故障诊断过程中，传感器的故障诊断是一个首要步骤，需要对传感器的运行状态进行持续监控和评估，以确保系统的稳定运行和数据的准确性。

（1）基于解析模型的方法

基于解析模型的方法是在故障诊断领域的发展早期形成的。这种方法需要对诊断目标建立一个准确的数学模型。当控制系统能够通过动态模型来表达时，便可以使用观测器或滤波器对系统状态或参数进行估计，以此来识别传感器的潜在故障。这种方法可以细分为两个子类，即状态估计方法、参数估计方法。尽管这些方法分别独立发展，但它们之间也存在相互联系，可以互为补充。

1）状态估计方法：状态估计方法通过比较系统模型的预测信息和实际可测量的数据来识别差异，这些差异称为残差。该方法的核心思想如下：首先重构状态，即根据系统模型来重构被控过程的状态；然后生成残差，即将重构的状态与实际测量的变量进行比较，生成残差序列；接着构建模型，即构建一个适当的模型来处理这些残差；最后实施特定信号的增强或抑制，即采用特定措施来增强残差中的故障信号，并抑制由模型不完善导致的非故障信号。通过统计检验等方法分析残差序列，以检测系统中的故障。

常用的状态估计方法主要分为两大类：

① 观测器方法：基于系统模型设计观测器，以此来估计系统状态，如 Luenberger 观测器、自适应非线性观测器、未知输入观测器、滑模观测器、模糊观测器和反推观测器等。

② 滤波器方法：通过滤波器处理测量数据，估计系统状态，如卡尔曼滤波器等。

这些方法各有特点，可以根据系统的具体情况和故障诊断的需求来选择最合适的状态估计方法。

2）参数估计方法：参数估计方法不依赖于计算残差序列，而是通过分析系统参数变化的统计特性来识别故障。这种方法的核心在于监测和评估参数随时间的演变，以期发现异常变化，从而指出故障的存在。

可用于参数估计的方法包括最小二乘法和强跟踪滤波器法等。

（2）基于信号处理的方法

基于信号处理的方法通过应用信号方法，例如相关性分析、频谱分析和自回归滑动平均

（ARMA）等，直接对可测量的信号进行分析。这种方法通过提取信号的方差、幅度和频率等特征值来识别故障。其分析手段主要包括统计分析、相关分析、频谱分析、小波分析和模态分析等。这些方法的理论基础是数理统计和随机过程理论。基于信号处理的方法可以进一步细分为直接测量系统输入/输出的方法、基于小波变换的方法、输出信号处理方法、信息匹配诊断方法、基于信息融合的方法和信息校核方法等。

目前，基于小波变换的方法因其在处理非平稳信号方面的优势而得到广泛应用。

1）基于小波变换的方法：基于小波变换的方法的核心在于利用小波分析技术处理系统的输入或输出信号。这种方法的基本思路如下。

① 小波变换。首先对信号进行小波变换，以获取信号的时频表示。

② 奇异点检测。通过小波变换识别信号中的奇异点，这些点通常标志着信号的突变或异常。

③ 极值点分析。在去除由输入信号突变引起的极值点后，剩余的极值点可能指示了系统的故障。

这种方法无需数学模型，且对输入信号的质量和特性要求不高，因此适用于各种信号条件，且计算量相对较小，适合实时处理。基于小波变换的方法对故障特征具有高灵敏度，同时具有较强的抗噪声能力，适用于在线实时监测系统，能够及时检测和响应故障，还可以作为信号预处理的手段，用于滤除噪声或处理信号，为后续分析做准备。

2）基于信息融合的方法：信息融合是一项先进的技术，它通过智能化整合来自不同信息源的数据，生成比单一源更加准确和全面的结果。这项技术在传感器故障检测与诊断领域尤其有效，因为它能够处理和分析来自多个传感器的数据，以及相关的知识和中间结果。

在故障检测和诊断过程中，收集的信息不仅限于传感器的直接测量值，还包括其他辅助数据和分析结果。通过整合这些数据，可以更有效地提取系统故障的特征，然后利用这些特征和对系统的深入理解，进行更深入的诊断，以确定故障的具体位置和性质。

基于信息融合的方法有一个关键优势在于其可以处理相关传感器的噪声。传感器之间可能存在噪声相关性，而信息融合技术可以通过综合处理来显著降低噪声的影响，由此减少不确定性，并提高诊断结果的可靠性。

（3）基于知识的方法

基于知识的方法是一种不依赖于对象精确数学模型的故障诊断方法。在工程实践中，当难以获得系统的精确数学模型，或者传统的解析方法面临局限时，基于知识的方法能够弥补这些方法的不足。目前，基于知识的方法主要是专家系统方法和人工神经网络方法。

1）专家系统方法：专家系统是一种智能系统，它致力于模拟特定领域内专家的思维过程，运用他们的知识和经验来解决复杂的实际问题。这种方法通过模拟专家的决策方式，使用内置的专业知识库和推理机制来提供解决方案。

专家系统方法是专家系统在故障诊断领域的应用，它基于技术人员长期积累的实践经验和丰富的故障案例数据，能够解决难以用数学模型来精确描述的系统故障诊断问题。

2）人工神经网络（ANN）方法：在传感器故障诊断领域中，人们研究最多的是人工神经网络方法，其应用研究有以下五个方面。

① 用人工神经网络构造观测器。

② 用人工神经网络作为分类器，以此进行故障模式的识别。

③ 用人工神经网络作为动态预测模型来进行故障预测。

④ 将人工神经网络模糊化，建立模糊人工神经网络模型来进行故障诊断。

⑤ 从知识处理的角度，建立基于人工神经网络的专家系统。

目前的大多数研究与应用集中在②和③两个方面。

人工神经网络方法在传感器故障监测中展现出了显著的优势，特别是在处理复杂和非线性的故障诊断问题时，可以直接利用过程数据进行分析和识别。然而，这种方法也面临一些挑战，如学习时间长、在线学习难度高和参数可解释性问题等。为了应对这些挑战，研究人员开始探索将人工神经网络与其他诊断技术结合的方法，例如动态信号处理、专家系统和模糊逻辑等，这些集成方法结合了各种技术的优势，为故障信号的分析和处理、故障模式的识别以及专家知识的组织和推理提供了新的视角。人工神经网络方法不仅提高了故障诊断的准确性和可靠性，而且推动了故障诊断技术向更加智能化的方向发展。

2. 长期性能评估方法

传感器的长期性能评估对于确保传感器在长期应用中的可靠性至关重要，这在工业监控、环境监测和医疗设备等领域尤为关键。常见的传感器长期性能评估方法如下。

1）稳定性测试：评估传感器的长期性能时，通常要在实际运行条件下或模拟环境中进行持续监测，以确定传感器的输出是否具有一致性，以及是否存在长期漂移现象。

2）灵敏度变化测试：检测传感器的灵敏度是否随时间变化对于确保高精度传感器的性能至关重要，特别是对于光学和化学传感器这类精度要求极高的传感器。

3）温度和湿度影响测试：评估传感器在不同温度和湿度条件下的性能表现，以确定其在不同环境条件下的适用性。

4）耐久性测试：为了确保传感器在实际应用中的稳定性和可靠性，需要在模拟环境中重现其可能遇到的各种环境条件。以下是一些用于评估传感器稳定性和可靠性的方法。

① 振动测试，模拟传感器在运行过程中可能遇到的振动环境，以评估其在振动影响下的响应和性能。

② 冲击测试，通过施加突然的机械冲击，检验传感器的结构强度和对冲击的耐受能力。

③ 腐蚀测试，评估传感器材料对化学物质、湿度或特定环境条件的耐腐蚀性。

5）定期校准：为了维持传感器的测量精度和可靠性，定期校准是至关重要的。校准不仅确保了传感器读数的准确性，而且在校准过程中，还可以对传感器的长期性能进行评估。

6）故障率分析：对传感器长期使用过程中出现的故障进行统计和分析，评估其可靠性和寿命特性。

3. 传感器健康状态检测

传感器健康状态检测的核心目标是利用智能化技术和先进方法，实现对系统状态的全面监控、评估、预测和决策支持。传感器健康状态检测集成了多种功能，包括但不限于状态监测、健康评估、健康预测和管理决策等。传感器健康状态检测的目的是定量地了解系统当前的健康水平，并识别健康退化的趋势。这有助于为潜在的故障提供早期预警，使维修工作从传统的事后补救转变为基于条件的预防性维护。通过这种方式，可以显著提高系统的可靠性和使用寿命，同时降低维修成本和意外停机的风险。

一般来说，健康评估和预测的步骤如下：

1）健康评估指标提取，即确定对象或系统的工作状态，定量给出系统的评估指标。

2）构建健康预测器，即建立适当的预测器，用以建立系统的健康退化趋势模型。

3）RUL 估计，即根据实际情况和性能变量的结果设定退化模型的阈值，判断系统正常工作的时间。

健康评估指标提取的方法如下：

1）通过使用一组直接测量的指标来评估系统状态。例如，华南理工大学的刘乙奇博士采用污泥体积指数（Sludge Volume Index，SVI）来定量分析丝状污泥膨胀的程度，这是一个可以直接测量得到的具体参数。然而，对于气体传感器这类输出值具有较大波动性的系统，其正常工作值覆盖了一个宽广的范围，这导致难以设定一个明确的阈值来判断传感器是否处于健康状态。因此，直接测量的指标虽然在某些情况下非常有用，但对于需要精确健康状态评估的传感器系统来说，可能无法满足健康评估和预测的需求。

2）通过分析系统内部各参数之间的相关性来评估。Pearson 相关系数是评估两个变量之间线性关系强度和方向的常用工具。然而，由于 Pearson 相关性是针对成对变量计算的，并且要求变量之间存在明显的相关性，这就使得它在描述由多个气体传感器组成的传感器阵列的复杂相互作用时存在局限性。

3）通过综合多个指标来创建一个融合指标，如健康指数（Health Index，HI）或健康可靠度（Health Reliability Degree，HRD），以此评估系统的整体状况。这种方法通常采用线性回归模型来实现。然而，线性回归模型在处理含有干扰信息的数据时可能会产生较大的波动和偏差，这可能会影响评估的准确性。为了解决这个问题，哈尔滨工业大学的申争光博士提出了一种基于灰色理论的健康可靠度计算方法，这种方法在传感器系统健康评估中显示出了有效性。但是，当这种方法应用于包含更多传感器的系统时，随着传感器数量的增加，故障传感器的属性权重可能会降低，导致系统可能做出错误的评估。在复杂系统中，对多传感器状态进行准确评估变得更加困难，因此，选择适当的评估标准和方法对于实现传感器健康评估和预测至关重要。

4. 数据质量控制

数据质量是确保数据分析的有效性和成功应用的关键因素，它一直是数据系统和分析领域的一个核心议题。对于数据分析师而言，数据质量的范畴不仅限于数据模式层面。在传统观念中，质量问题通常指的是实际结果与预期设计不符的情况，而在数据分析领域，数据质量更多地关注那些可能影响当前数据建模和分析活动的问题。前者姑且称为数据模式层面的质量问题，后者则称为应用场景（Application Context）下的质量问题。

数据模式的设计旨在满足特定应用程序（如制造执行系统）的需求。只要数据模式的设计和实现与其预定目的相符，就认为在数据模式层面没有质量问题。然而，数据分析的目的通常是为了解决特定的问题，这往往需要跨越多个数据集进行。这些数据集对于数据分析的需求可能与单一应用的数据需求不同，因此，在数据分析项目中，除了要关注数据模式层面的质量问题，还需要关注数据在特定应用场景下的质量问题。

数据模式层面的质量问题可以通过数据模型（如关系数据库的三范式）和数据约束（如面向对象的约束语言）等形式化工具来描述和验证，这些方法独立于具体的应用场景。相反，应用场景下的质量问题则与研究问题的具体领域和业务上下文紧密相关，这些质量问题通常不易被察觉，虽然它们有一定的规律性，但并没有统一的解决方案。

目前，许多数据系统、工具和企业级数据治理主要关注数据模式层面的质量问题，但应用场景下的质量问题往往会留给行业数据分析师去处理。对于缺乏经验的行业数据分析师来说，发现这些应用场景下的质量问题可能比较困难，这也可能导致基于这些有缺陷的数据训练出的机器学习模型缺乏可信度。

对于数据模式层面的质量问题，业界已有很多成熟的探索。在数据质量评价上，业界也有很多类似的评价维度体系，例如国际数据管理协会提出了 Accuracy、Completeness、Consis-tency、Integrity、Reasonability、Timeliness、Uniqueness/Deduplication、Validity 和 Accessibility 等指标，FanGeetsl 主要考虑 Consistency、Deduplication、Accuracy、Completeness 和 Currency 等指标，Strong-Wang 框架从数据内在（Intrinsic）、上下文（Contextual）、表征性（Representational）和可访问性（Accessibility）4 个方面提出了 14 个数据质量度量指标。在数据质量跟踪与治理方法上，Alex 按照颗粒度，将数据质量问题分为标量（Scalar，即一条记录的一个具体字段的数值）、字段（Field）、记录（Record）、单数据集（DataSet）和跨数据集（Cross-dataset）5 个层面。

5.3　数据传输技术

5.3.1　传输协议与标准

通信协议是一套在数据交换和通信过程中遵循的规则和标准，它们确保设备间能够正确地传输和理解信息。这些协议详细定义了数据的组织结构、发送机制以及错误检测与校正的流程。它们的核心功能是指导数据的封装和解析，确保传输过程中的准确性和可靠性。例如，TCP/IP 作为互联网通信的基石，确立了数据包的构造规则、传输协议以及网络连接的维护方法。通过这些协议，设备能够识别、发送和接收信息，同时对可能出现的错误进行检测和修复，从而保障通信的顺畅和数据的完整性。这种标准化的通信方式是现代网络通信不可或缺的一部分。

通信标准是由行业权威机构或标准化组织制定的一套规范，其目的是实现不同制造商设备间的兼容性和互操作性。这些标准涵盖了通信协议的具体细节，包括数据格式、命令集、错误处理机制以及网络配置等，它们为通信协议的实施提供了一致性的框架和指导，从而促进了设备间的无缝协作和数据交换。例如 ISO/IEC 11801 标准涵盖了网络通信的多个层面，包括物理层和数据链路层的规范，明确了以太网和光纤通道等技术的标准要求。

1. 工业通信协议概述

工业自动化使用一套专门的通信协议来实现控制系统内部设备间的高效数据交换。这些协议确立了数据传输和通信的规范，确保了工业环境中的设备，如传感器、执行器与控制器之间的信息的流畅传递。通过这些协议，工业系统能够执行实时监控任务，收集数据以及执行远程操作。工业通信协议为机械和电子设备之间的互操作提供了标准，保障了工业自动化的可靠性和效率。

工业通信协议是确保工业自动化系统中设备间有效数据交换的关键技术。其主要特点为：

（1）高效性与响应速度

工业通信协议能够迅速处理通信任务，确保工业操作的连续性和及时性，满足生产过程中对实时数据交换的需求。

（2）环境适应性

考虑到工业环境中可能存在的挑战，如噪声和电磁干扰等，工业通信协议被构建得高度可靠，以保证即使在不利条件下也能维持通信的稳定性和数据的完整性。

（3）功能集成

工业通信协议集成了实时监控与控制功能，不仅支持基础的数据收集，还能够进行参数调节和执行远程操作，这增强了工业过程的灵活性和控制能力。

（4）互操作性与兼容性

通过标准化组织的规范和行业组织的管理，工业通信协议确保了不同制造商的设备能够无缝协作，促进了技术的互操作性，推动了工业自动化领域的创新和发展。

（5）规范性

由于遵循统一的通信标准，工业通信协议减少了因设备不兼容带来的风险，为工业自动化提供了一个稳定和可预测的通信基础。

工业通信协议的多样性源于它们所依赖的通信介质和方式，这些协议可以根据传输机制和应用环境被划分为不同的类别：

（1）串行通信协议

串行通信协议如 Modbus，这类协议专为串行设备与控制器间的连接而设计，适用于点对点的通信方式。

（2）现场总线通信协议

现场总线通信协议包括 Profibus 和 Profinet 等，它们专为工业自动化设备的互联而构建，支持实时数据交换和高速传输。

（3）基于以太网的通信协议

基于以太网的通信协议如 Ethernet/IP，这类协议结合了以太网的灵活性和工业环境对实时性的需求，允许复杂的网络配置。

各种工业通信协议的广泛应用体现在多个工业自动化领域，覆盖了工业控制系统、过程监控与数据采集、自动化生产线、机器人控制和智能仓储系统等多种场景。

在标准化方面，许多工业通信协议已经得到了国际或行业标准化组织的认证和推广。例如，Modbus 协议由 Modbus 协会进行管理，并已被广泛认可为国际标准，这有助于确保不同系统和设备之间的兼容性和互操作性。通过这种标准化过程，工业通信协议能够在全球范围内实现更广泛的应用和集成。

工业通信协议的标准化进程对于工业自动化领域至关重要，因为它不仅提高了系统的兼容性，还推动了技术的创新和应用的扩展。随着不同设备能够无缝协作，工业自动化解决方案也变得更加灵活和高效，有助于满足日益复杂的生产需求。

工业通信协议构成了工业自动化的基础，确保了工业设备间稳定可靠的通信。这些协议是实现生产流程自动化和智能化的关键，随着技术的持续进步，工业通信协议预期将扮演更加核心的角色，进一步促进智能制造的实施和创新。通过提供无缝的数据交换能力，工业通信协议为智能工厂的构建和运营提供了强有力的支持。

在工业控制系统的框架内，工业通信协议定义了一套规则和标准，以此来促进设备间的信息交流。这些协议特别适用于实现自动化设备的互联互通，包括但不限于传感器、执行器、PLC、HMI 以及 SCADA 系统等。

设计这些工业通信协议的核心目的在于保障不同设备间能够进行稳定且可靠的数据交换。这种通信的可靠性是确保整个自动化生产线能够顺畅、高效运作的前提。通过这些协议，工业控制系统能够精确地控制生产流程，从而提高生产效率和质量，实现自动化生产的目标。

工业通信协议的作用不仅限于实现设备间的数据交换和信息共享，它们还是优化生产流程和提高运维效率的催化剂。这些协议是智能设备设计、生产和运维高效协作的基础。

选择合适的工业通信协议对于确保数据传输的高效率和设备运行的稳定性至关重要。它们为智能工厂的构建提供了必要的技术支撑，使得生产和运维过程能够更加流畅和高效。通过这种方式，工业通信协议推动了整个工业生态系统向更高层次的自动化和智能化发展。

随着信息技术与工业领域的融合日益加深，信息技术在工业控制领域的应用正不断扩大，推动工业控制系统向更标准化、更简化的方向发展。这种趋势促使传统的工业控制系统（Industrial Control System，ICS）从封闭、独立的架构转变为更加开放和互联的架构。这一转变是工业互联网发展的基础，它正在逐步构建起工业互联网络架构（见图 5-13）。

工业网络与其他类型的网络相比，对可靠性的要求更为严格，特别是在实时通信方面。为了确保系统的稳定性，工业网络设计了短小的协议栈，这些协议栈能够处理小数据包的同步和异步通信，同时在组件间通信时尽可能减少开销，从而降低延迟。

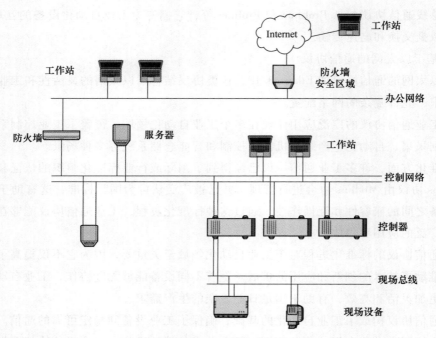

图 5-13　工业互联网络架构

　　此外，工业网络允许使用标准网络协议的定制版本，例如修改版的 TCP，以支持 ICS 组件间的实时数据交换。这种设计使得工业网络能够满足严格的性能标准，同时保持与现有技术的兼容性。

　　在实际应用中，工业网络广泛采用专用通信协议，例如 Modbus。这些协议根据不同系统的具体需求，定义了特定的接口、数据存储格式和控制机制。通过这种方式，工业网络能够为各种自动化和控制系统提供定制化的通信解决方案，满足工业环境对高效率和高可靠性的需求。

2. 通信标准的选择与应用

　　在工程和技术实践中，选择和应用通信标准是一个关键环节，它关乎设备间通信的稳定性、兼容性以及效率。以下是在挑选和实施通信标准时应考虑的核心要素。

　　1）需求明确化：首先，必须精确定义通信系统的目标和需求，这包括预期的数据传输量、速率、实时性以及安全性等。

　　2）技术评估：深入了解各种通信标准所具备的技术特性，如支持的通信介质、速率、协议、数据编码和安全机制，以确定它们如何满足通信系统的目标和需求。

　　3）经济性分析：对不同通信标准的相关成本进行全面评估，这不仅包括初期的设备和部署成本，还涉及长期的维护和升级成本。

　　4）稳定性与可靠性：评估通信标准在多样化环境条件下的表现，确保所选通信标准能够在各种情况下均提供稳定的通信能力。

　　5）兼容性考量：确保所选通信标准能够与现有的技术基础设施和系统兼容，支持与其他系统和设备的互操作性。

6）标准化审查：考虑通信标准是否得到了国际或行业标准化组织的认证。

7）前瞻性规划：考虑通信标准的长期发展前景，选择那些有持续技术支持和更新的方案，以维持通信系统的长期竞争力和可用性。

3. 安全通信协议

Modbus 协议自 1979 年由 Modicon 公司开发以来，已成为工业领域内的一个广泛应用的通信标准。其能够普及要归功于该协议的开放性以及简洁的架构设计。

Modbus 协议支持两种主要的传输方式：

1）Modbus 串行，即通过串行接口如 RS-232 或 RS-485 实现数据传输。

2）Modbus TCP/IP，即允许数据在基于 TCP/IP 的网络中流动，适用于 IP 网络环境。

在串行传输方面，Modbus 协议进一步定义了两种数据编码模式：

1）Modbus RTU（二进制模式），即采用二进制形式对数据进行编码，优化了传输效率。

2）Modbus ASCII，即采用标准的 ASCII 字符集，将数据编码为可读的字符串形式，便于调试和分析。

Modbus 协议以其在工业自动化中的广泛应用而闻名，它支持多种通信介质和数据编码方式，并已成为设备间通信的可靠选项。然而，Modbus 协议在设计之初并未包含先进的安全特性，例如信息加密、身份验证和完整性检验。

Modbus 协议的通信数据结构相对简单，由设备地址、功能码、数据和错误检测四部分组成。这种设计的简洁性虽然有助于设备的互操作性，但也存在安全漏洞。由于缺少身份验证和完整性保护，Modbus 协议容易受到重播攻击、数据篡改和会话劫持等安全威胁。

安全漏洞的存在意味着攻击者可以以此模拟合法的 Modbus 主机或从设备，重放或修改传输的消息，甚至通过端口镜像等手段捕获和分析网络流量。

为应对这些安全挑战，Modbus 协议经历了一系列的改进。改进版本如 Modbus-F2009、Modbus-S2015 和 Modbus-A2018 即引入了多项安全机制，包括对称和非对称加密、身份验证和重播保护，以此增强通信的机密性、完整性和认证。

Modbus-F2009 引入了基于 RSA 的数字签名和 SHA-2 安全哈希算法，专注于提供消息的完整性和身份验证。

Modbus-S2015 在 Modbus-F2009 的基础上增加了 AES 加密，以提供额外的保密性。

Modbus-A2018 采用了质询响应认证机制和 AES 加密，进一步加强了 Modbus 协议的安全性。

Modbus 协议的持续改进强化了其在现代工业网络中应对安全挑战的能力，确保了工业控制系统的安全防护。

OPC（OLE for Process Control）协议自 1996 年由 OPC 基金会首次推出以来，已经成为过程自动化领域的一个关键通信协议。OPC 协议采用客户端/服务器架构，为 OPC 客户端与服务器之间的交互定义了一系列标准化接口：

1）OPC DA 是著名的接口之一，它专注于提供对过程数据的访问，并标准化了读取实时过程数据、时间戳和状态信息的方法。

2）OPC AE 作为 OPC DA 的补充，用于事件和报警的传递。

3）OPC HD 扩展了 OPC DA 的功能，支持历史数据的传输。

4）OPC DA XML 是基于 XML 的 OPC DA 接口实现，它使用可扩展标记语言对数据进行编码，增强了数据交换的灵活性。

OPC 安全规范进一步定义了 OPC 对象的安全性增强接口，它利用基于 Microsoft Windows 的安全模型来实施访问控制。通过加密隧道和令牌机制，结合访问控制列表（ACL）的规则，OPC 协议能够对安全对象的访问请求进行验证，确保只有授权用户才能访问敏感数据。

这些特性使得 OPC 协议不仅在功能性上满足了工业自动化的需求，同时在安全性上也提供了必要的保障，促进了工业控制系统的高效、安全运行。OPC 协议在其发展过程中提供了不同级别的安全服务选项，以适应多样化的工业自动化需求。

1）基础安全选项：默认情况下，OPC 可能不会启用任何安全措施，这适用于对安全性要求不高的环境。

2）DCOM 安全：通过分布式 COM（DCOM）安全设置，限制只有特定的客户端能够启动和访问 OPC 服务器。DCOM 安全配置工具用于管理这一过程，尽管 DCOM 本身并非专为工业自动化设计，但许多 OPC 的实现都依赖于 DCOM。

3）OPC 安全：在此选项中，OPC 服务器作为一个参考监视器，控制对特定安全对象的访问。它利用了 DCOM 的编程安全性，但并不会指定需要保护的对象。若要实施 OPC 安全，必须先配置 DCOM 安全来允许对服务器接口的访问。DCOM 的通信安全涉及连接安全、调用安全和数据包安全，但 OPC 安全规范主要关注服务器/对象的访问控制，而不包括服务器身份验证或消息的加密保护。

随着技术的进步，OPC UA（OPC Unified Architecture）在 2006 年被推出，作为 OPC 的一个重要发展，OPC UA 引入了加密和用户身份验证机制，具体如下：

1）会话加密，确保信息在传输过程中可以通过 128 位或 256 位加密得到保护。

2）信息签名，保证信息在接收时的签名与发送时的一致，防止篡改。

3）数据包测序，通过排序机制来防御信息重放攻击。

4）认证，使用 OpenSSL 证书对 OPC UA 客户端和服务器进行身份标识，管理应用程序和系统间的连接。

5）用户控制，允许应用程序要求用户进行身份验证，并控制用户对资源的访问权限。

尽管 OPC UA 在安全性方面做出了显著改进，但它仍然存在一些潜在的缺陷，如消息加密、签名及身份验证机制可能被利用来实施身份验证绕过和拒绝服务（DoS）等攻击，这要求在实际部署中需要对 OPC UA 进行适当的安全配置和持续的评估，以确保系统的安全性。

5.3.2　数据传输安全与加密

1. 加密算法与技术

在当今这个信息量激增的"信息大爆炸"时代，互联网的广泛普及和快速发展极大地促进了数据和信息的共享与传递。但与此同时，随着黑客活动的频繁发生，人们对网络安全的防护需求也日益增长。为了有效防范病毒和黑客攻击，保护远程数据传输的安全性与保密性，数据加密技术发挥着至关重要的作用。

数据加密技术主要分为两大类。

1）对称密钥算法：该算法使用相同的密钥进行数据的加密和解密，并且因其高效性，在需要快速处理大量数据的场景中得到了广泛应用。

2）非对称密钥算法（公钥算法）：该算法涉及一对密钥，即公钥和私钥。公钥用于加密数据，而对应的私钥用于解密。这种算法在需要安全地分发密钥或进行数字签名的场景中非常有用，也特别适用于分布式系统中的数据安全传输。

在非对称加密过程中，发送方首先获取接收方的公钥，随后利用这个公钥对信息进行加密，加密后的信息只能通过接收方持有的相应私钥来解密。

这种机制要求接收方将公钥公开给发送方，而私钥则必须由接收方严格保密。非对称加密算法的典型代表包括 RSA 和 DSA，它们在需要确保数据在传输过程中的安全性时发挥着重要作用。由于非对称加密算法在密钥管理和安全性方面的优势，它在电子商务、安全通信以及数字签名等多个领域得到了广泛应用。

在加密技术的领域中，除了非对称加密算法，还有多种其他算法可满足不同的安全需求。

1）IDEA：它采用 128 位密钥，以提供高水平的安全性。

2）RSA：这是一个支持变长密钥的非对称加密算法，广泛用于数据加密和数字签名。

3）DSA：它主要用于数字签名，可确保数据的完整性和认证。

4）AES：这是一个高效的对称加密标准，以高安全级别和快速处理能力受到欢迎。

尽管非对称加密算法在密钥分发和安全性方面具有优势，但其计算复杂度较高，导致在处理大量数据时效率较低。因此，在实践中，通常采用一种混合方法，即首先使用对称加密算法对数据进行加密，然后再利用非对称加密算法来加密对称密钥本身。

对称加密算法代表了加密技术的初始发展阶段，它以技术成熟度和简便性著称。这种加密算法涉及一个共享的密钥，该密钥同时用于数据的加密和解密。在加密阶段，发送方采用一个统一的密钥，结合特定的算法，对原始信息（明文）进行处理，生成加密后的信息（密文）。这一过程确保了信息在传输过程中的保密性。为了恢复原始信息，接收方必须使用相同的密钥和相应的解密程序。由于加密和解密过程使用相同的密钥，因此双方必须在安全的环境中交换并保管这一密钥。对称加密算法的效率较高，适合处理大量数据，但密钥的安全管理和分发是其面临的主要挑战。尽管如此，对称加密算法依然是保护数据传输安全的重要工具，尤其是在需要快速加密大量信息的场景中。

对称加密算法的安全性主要取决于密钥的保密性和双方的共享能力。为了确保通信的安全性，参与者需要在交流之前就密钥达成一致，并且在信息传递的整个过程中确保密钥不被泄露。尽管不同的对称加密算法在实现上有所区别，但它们普遍遵循两个基本原则：混乱和扩散。混乱原则是指通过复杂的变换打乱数据的原始结构，而扩散原则是指将变化均匀地分布到整个数据集中。这两个过程共同作用，增强了数据加密的安全性。简而言之，对称加密算法的安全性和效率都基于一个核心要素：密钥的安全管理。只要密钥保持秘密，并且正确地应用了加密和解密算法，通信的机密性就能得到保障。

对称加密算法因其计算效率和速度而广泛应用于数据保护领域。以下是一些被广泛认可的对称加密算法实例。

1）DES：它是一种将 64 位明文分组并使用 56 位密钥的算法，以其处理大量数据的高速度而受到欢迎。

2）3DES：它是 DES 的一个改进版，通过应用三重 56 位密钥进行加密，提供了更高级别的安全性。

3）RC2 和 RC4：它们支持变长密钥，并能够快速处理大量数据的加密需求。

4）BLOWFISH：它以 64 位数据块为单位，采用 32～448 位的可变长度密钥，其加密过程包括密钥预处理和数据加密两个阶段。

对称加密算法的优势在于它们的算法通常是公开的，计算量相对较小，这使得它们在处理速度和效率方面表现出色。然而，对称加密算法也存在一些局限性，例如由于通信双方使用相同的密钥，如果密钥泄露，安全性将受到威胁。此外，随着网络的扩展，密钥管理也变得更加复杂，成本更高。

对称加密算法通常缺乏像非对称加密算法那样的数字签名功能，这限制了它的使用范围。在分布式网络系统中，由于密钥分发和安全管理的挑战，使用对称加密算法可能较为困难，但在特定环境下，如在计算机专网系统中，DES 和 IDEA 等对称加密算法仍然得到了使用。同时，美国国家标准与技术研究所将 AES（高级加密标准）作为新的加密标准，以其取代 DES，提供更强的安全性。AES 代表了对称加密算法的新进展，旨在满足日益增长的安全需求。

2. 安全通信的实施

在信息化时代的背景下，通信网络已经深入人类社会的各个层面，成为生产和生活的关键基础设施。随着通信网络规模的不断扩大和用户数量的急剧增加，通信网络的稳定性面临着前所未有的挑战，这也导致通信网络安全问题变得更加显著。通信网络安全涵盖了网络的物理环境、硬件设备、软件系统以及数据保护等多个层面。为了保障通信网络的安全稳定运行，需要采取一系列措施。这些措施包括但不限于政策制定、标准实施、技术创新和管理优化等。通过这些综合手段，可以有效地防范和减少通信网络安全风险，确保通信网络服务的连续性和可靠性。

通信网络的安全防护措施自从推行以来已经取得了显著的进展，特别是在基础电信运营领域，这些措施已经建立了较为完善的体系，并且执行力度十分到位。这不仅增强了网络运行的稳定性和安全性，还提升了整个通信网络服务的规范性。此外，这些防护措施的实行也带动了通信网络安全服务行业的快速成长。

通信网络的安全防护措施正逐步向更多行业扩展。最初，这些措施主要应用于基础电信行业，但随着监管机构的强化宣传和专业培训，其应用已经扩展到增值电信服务、智能交通网络以及智能制造等新兴领域。面对这一趋势，各相关企业需要积极响应，并通过以下方式提升自身的网络安全防护能力：

1) 持续学习，不断更新对通信网络安全防护知识的理解。

2) 系统培训，定期对员工进行网络安全相关的教育和训练。

3) 文化建设，培养企业文化，让网络安全意识成为其中的重要组成部分。

通信网络安全防护的标准化工作需与时俱进，以适应信息技术的快速演进。为了应对安全领域的新挑战和变化，现有的安全标准和指南应不断地更新和完善。同时，随着移动互联网、物联网、云计算和人工智能等新兴技术的发展，从业者必须密切关注这些领域的应用趋势，并针对其特性制定相应的网络安全防护新标准，这包括以下内容：

1) 持续更新，对现有标准进行定期审查和必要的更新，以反映最新的安全实践和技术进步。

2) 前瞻性研究，深入分析新兴技术可能带来的安全影响，预测潜在风险，并据此制定新的安全标准。

3) 跨领域协作，与不同技术领域的专家合作，确保制定的标准能够全面覆盖各种技术应用场景。

通过这些措施，可以确保通信网络的安全防护标准始终处于行业前沿，为网络安全防护提供坚实的基础和指导。

为了提高通信网络的安全防护工作的质量，需要对第三方测评机构的参与进行规范化管理。当前市场上的一些测评机构存在资质不达标、人员专业能力不足和工作流程不够规范等问题。针对这些问题，测评机构需要采取以下措施：

1) 资质提升，即积极学习相关政策和指南，提高机构的资质水平。

2) 人员培养，即加强对测评团队的专业培训，确保他们掌握最新的安全知识和技能。

3) 流程优化，即改进测评工作流程，提高测评工作的效率和准确性。

通过这些努力，第三方测评机构可以提升其服务质量，更好地为通信网络的安全防护工作贡献力量。

3. 防范通信攻击与威胁

互联网作为一个全面开放的 IP 网络环境，在安全方面存在多重挑战。其主要的安全威胁源自用户或连接伙伴发起的一系列攻击行为，这些行为具有拒绝服务（DoS）攻击的特征，具体包括：

1）利用网络设备，如路由器的漏洞进行的攻击。

2）分布式拒绝服务（DDoS）攻击，即通过大流量淹没目标系统。

3）蠕虫病毒的传播，这类计算机病毒能在网络中自我复制并迅速传播。

4）虚假路由信息，这类信息可能导致数据流向错误或被恶意截获。

5）钓鱼攻击，即通过伪装成合法网站或服务来诱骗用户泄露敏感信息。

点对点（P2P）网络的不当使用可能导致非法数据交换和恶意软件的扩散。网络安全事件可能对所有直接或间接接入互联网的业务系统造成影响，因此，针对互联网环境，必须采取一系列关键的安全防护策略。

1）部署流量管理设施：在互联网的关键节点，如国际连接点、网络互连点以及主干网络的接口处，应安装流量管理设备。这些设备能够调节不同服务的带宽，有效遏制如 P2P 这类应用可能带来的带宽滥用问题。

2）在互联网的主干网络和网络间的连接点安装流量清洗设备，这些设备专门用来识别并过滤针对特定端口或协议的恶意流量。它们的主要功能是拦截潜在的攻击流量，以降低分布式拒绝服务攻击的风险，保障网络服务的正常运行。通过这种方式，可以及时阻止或缓解攻击，减少对网络稳定性和可靠性的影响。

3）在网络的关键接入点，包括主干网络、网络互连点、互联网数据中心（IDC）以及关键系统的前端，应安装恶意软件侦测系统。这些系统具备识别和监控蠕虫病毒、木马程序以及僵尸网络活动的能力，可以提高网络安全防护水平，防止恶意软件的传播和潜在威胁。通过这种部署，可以加强对恶意代码的检测和响应能力，保护网络不受侵害。

4）路由安全监管：实施对互联网核心基础设施中至关重要的边界网关协议（BGP）路由机制的持续监控，可以预防不当的路由声明或对 BGP 路由信息的非法截取和修改，确保路由过程的安全性和数据传输的完整性。通过这种监控措施，可以及时发现并应对可能的路由安全问题，维护网络的稳定性和可靠性。

5）移动网络安全措施：移动互联网是通过移动通信网络连接到互联网的，它包括移动终端设备、移动网络接入和公共网络服务。移动网络所面临的安全风险遍布终端设备、网络传输和业务服务等多个层面。在终端设备层面，随着智能化程度的提升，手机病毒和恶意软件可能导致设备损坏、用户数据被盗、网络资源被滥用以及未经授权的服务订购等问题。网络传输层面的安全挑战则包括未授权的网络访问、拒绝服务攻击、对无线传输信息的监听和非法使用网络资源等。业务服务层面的威胁则涵盖了对服务的非法访问、拒绝服务攻击、垃圾信息泛滥、不良信息的传播，以及个人隐私和敏感数据的泄露等。

为了应对这些安全风险，必须在移动设备和网络两个方面实施有效的安全防护措施，以确保移动互联网的安全性并保护用户数据。

1）移动设备安全强化：用户应提升移动设备的安全性能，包括实现设备身份验证和严格控制应用程序访问，同时应确保设备上安装了可靠的安全防护应用程序。

2）网络安全加固：首先，必须对网络设备进行安全性审查和加强，以保护系统免受协议漏洞或设备固有漏洞的影响。接着，在移动互联网的连接边界和关键节点，应部署流量监控和清洗设备，用以区分合法流量和恶意攻击流量，有效防御拒绝服务攻击。此外，为了应对由恶意软件引起的不当行为，如滥用彩信服务、非法网络连接、恶意下载和未经授权的服务订购，应在网络方面安装恶意软件监测系统，如通过在 GGSN 的 Gn 和 G_p 接口上实施数据包捕获和分析，结合彩信中心的数据，对彩信内容及其附件进行扫描，以识别和阻止恶意软件的传播。可以在网络层面安装恶意软件监测系统（见图 5-14）。

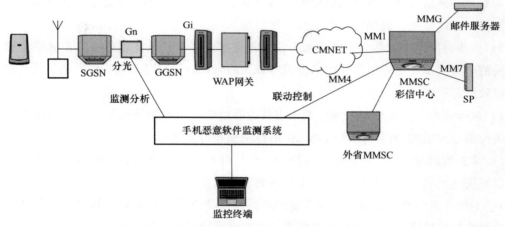

图 5-14　在网络侧部署恶意代码监测系统

对于软交换网络，应特别警惕其内部的威胁，例如由维护工作站、现场技术支持和后端系统接入所引发的安全风险。

关键的防护策略应包括：

1）在软交换网络与网络管理、计费系统之间的连接点实施严格的安全访问控制，防止未授权的访问行为。

2）根据实际需求，在网络边界部署防病毒系统，以遏制蠕虫和其他病毒的传播。

3）确保所有用于维护工作的终端设备均安装了网络版防病毒软件，以专门保护这些设备免受病毒侵害。

利用这些措施，可以加强软交换网络的整体安全性，减少其内部的安全风险。

5.3.3　数据传输技术在设计中的应用

1. 实时通信的设计原则

设计实时通信系统时，必须遵循一些核心原则，以确保系统能够在指定的时间内完成数据的可靠传输和有效处理。以下是实时通信设计应考虑的关键原则：

设计实时通信系统之初，必须确定系统对实时性能的具体需求，这涉及传输延迟的上限和数据刷新的速率等关键指标。应基于这些需求和系统的特性选择最适合的通信手段，如实时总线、以太网或无线通信技术，以确保数据传输的迅速性和稳定性。在构建通信架构时，对于需要即时响应的数据，必须采用高效的数据处理算法和策略，以保证在既定的时间内完成数据处理任务。这样的设计确保了系统能够满足严格的实时性标准，同时保持数据传输和处理的可靠性，以下是具体方向。

1）提升通信协议性能：挑选能够满足实时通信需求的协议，例如 CAN（Controller Area Network）或 EtherCAT 等，或者对现行通信协议进行改进，提升其传输效率和响应速度。

2）网络架构优化：在网络通信体系中，应精心设计网络拓扑和通信机制，以降低潜在的通信时延和网络拥堵，保障数据传输的迅速性和处理的及时性。通过这些优化措施，可以提高网络的整体性能，确保数据流的高效和稳定。

3）同步时间协议：在分布式系统中，尤其是涉及多个节点的通信场景，必须实现各节点之间的时间同步。这样做是为了确保所有数据的时间标记都是精确且统一的，从而保证数据的时效性和一致性。

4）故障检测与恢复策略：通信系统应具有高效的故障检测及恢复流程，以便迅速识别并解决传输过程中的错误，从而维护通信的稳定性和可靠性。

5）动态监测与优化：在系统运作期间，应持续对通信效率和数据传输状况进行实时监测，以便快速识别并应对任何通信障碍或性能瓶颈。

6）不断升级与增强：通信系统需定期进行升级和改进，并依据实际使用情况和性能标准，持续精炼通信算法、协议及硬件配置，以增强系统的响应速度和稳定性。

2. 远程监控系统设计

自 20 世纪 90 年代以来，科技的迅速进步深刻改变了人类的生产和生活方式，其中的监控技术也开始受到越来越多的关注和重视。监控技术的发展经历了从集中式监控到网络化监控的转变。最初，监控系统依赖于大型仪表来集中监视关键设备的状态，并通过控制台进行操作。随着技术的进步，计算机监控系统成为主流，它由监控计算机、检测设备、执行机构以及被监控对象（如生产流程）共同组成，实现了对被监控对象的全面监测、管理和控制。在现代工业生产和企业管理中，需要对众多物理量、环境参数、工艺数据和特性参数进行实时监测、管理和自动控制。鉴于工业控制对环境适应性、实时性和可靠性的高要求，自动化控制和检测技术持续独立发展。在测控领域，使用的通信技术往往形成独立的体系，很多通信协议不具备开放性，而且多数系统在设计时主要考虑单一设备或单一类型的设备需求。

远程监控系统分为两大类：第一类是在生产现场缺少现场监控设备的情况下，数据被采集并直接传输至远程计算机进行分析处理。这种远程监控与现场监控在功能上类似，主要区别在于前者的数据传输距离较远。第二类是现场监控与远程监控相结合的模式，这种模式通常利用现场总线技术将分散的传感器和监控设备互联，实现了从独立单元向集成单元的转变。如果更进一步，通过局域网将各个管理站点的服务相互连接，便可构建起企业内部网（Intranet），为设备监测和维护技术提供集成化的平台，促进单位内部资源与信息的共享。

无线传感器网络（WSN）是一种分布广泛的技术解决方案，它通过互联的传感器节点来实现数据的收集工作。这些网络中的节点通过无线方式进行数据交换，构建起一个能够在多样化环境中监测和采集信息的分布式架构。WSN 技术被应用于多个领域，包括环境监测和工业自动化等。远程监控系统的发展，其中一个目的是为了对 WSN 所收集的数据进行远程访问和管理。这类系统对于实现快速决策、提升操作效率以及对紧急事件做出迅速反应具有关键作用。WSN 通过其分布式的传感器节点，为远程监控系统提供了数据采集的基础，而远程监控系统则为这些数据的实时分析和应用提供了平台，两者共同支持了现代监控需求的实现。

无线传感器节点具备多项优点，它们小巧、自给自足，并能够监测多种物理量。这些节点的小巧体积、经济性以及对能源的高效利用，为 WSN 的广泛部署提供了可能。无线传感器节点通常会将传感、数据处理和通信功能集于一体，构成一个完整的系统。这些节点的设计使其能够适应多样的环境和应用场景。在 WSN 的设计过程中，网络拓扑的选择至关重要，它决定了无线传感器节点之间的连接方式。存在的网络拓扑类型进一步细分，还可以根据节点的功能和结构层次分为平面型网络、分层网络、混合型网络和网状（Mesh）网络。拓扑结构的选择，应结合通信效率、网络的可扩展性和能源消耗等多重因素综合考量。无线传感器节点的设计和网络拓扑的选择共同决定了 WSN 的性能和适用性，使其能够适应不同的监测和控制需求。

3. 通信技术在智能装备中的创新应用

将通信技术集成到智能设备中，能够显著促进这些设备的技术进步，从而在增强生产效能、减少生产开支以及优化产品品质等方面实现重要的提升。以下是通信技术在智能设备领域的一些应用实例：

1）物联网的实施：通过物联网技术，智能设备能够接入互联网，实现互联互通和共享数据，并接受远程监控。这样的连接使得智能设备能够通过物联网服务进行远距离的故障排查、维护和操作控制，从而增强了智能设备的稳定性和工作效率。

2）云平台与数据挖掘：利用云计算和大数据工具，能够对智能设备生成的庞大数据集进行即时的分析与处理，从而揭示数据背后的深层价值。对生产数据的分析有助于改进生产策略，提升制造效率及产品质量。

3）边缘计算的应用：通过将数据处理和分析任务迁移至接近数据生成点的边缘设备，边缘计算能够实现快速的数据响应，降低数据远距离传输所引发的时延，并减轻网络负载。这种技术提升了数据处理的速度和即时性。

4）WSN 的部署：利用 WSN，智能设备能够进行无线连接和数据交换，这在环境复杂或需要设备移动的场景中尤为有用。WSN 支持在智能物流、智能仓储和精准农业等众多领域中实现自动化监控和管理，从而提升运营效率，优化资源配置。

5）人工智能的结合：将人工智能与通信技术相结合，能够赋予智能设备自主决策和智能操作的能力。在设备中嵌入人工智能算法和模型，可以增强其感知、识别和控制的能力，从而提升设备的灵活性和智能化程度。

5.4 大数据分析与优化

实验

5.4.1 大数据分析应用

1. 大数据分析工具与技术

（1）聚类分析

聚类分析也称为群组分析，是一种多变量统计技术，用于将样本或变量根据其特征进行分组。聚类分析处理的是大量样本数据，并寻求根据样本的内在属性进行逻辑分组，而不依赖于预先定义的分类标准，这是一种探索性的数据分类方式。聚类分析的核心目标是基于样本间的相似性将它们聚集成不同的组。在执行聚类分析时，可以采用多种计算方法，包括：

1）分裂法：即通过迭代过程将数据集分割成多个子集。

2）层次法：即构建一个多层次的分类体系，逐步合并或分割样本。

3）基于密度的方法：即根据样本在空间中的分布密度进行聚类分析。

4）基于网格的方法：即将数据空间划分为有限数量的单元，以简化聚类分析过程。

5）基于模型的方法：即假设数据遵循某种概率分布，并根据模型参数进行聚类分析。

这些计算方法各有优势，适用于不同的数据类型和分析需求。

（2）关联规则

关联性指的是在两个或多个变量之间发现的规律性联系。这种联系可以表现为不同的形式，包括简单的关联、时间序列上的关联或因果关系。关联分析的目的是揭示数据库中不易察觉的相互关系网络。关联规则描述了数据项之间的直接使用规则或依赖性。例如，关联规则可以表明当顾客购买钢笔时，他们很可能也会购买墨水。评估关联规则的强度通常依据两个关键指标：支持度和置信度。当两个指标均超过设定的阈值时，规则就被认为是强关联的。如果只有一个指标超过阈值，则规则就被认为是弱关联的。关联分析通过识别数据中的模式和规则，帮助人们理解变量间的相互作用，而关联规则的强度则通过特定的度量标准来评估。

（3）决策树

决策树是一种基于概率分析的图解工具，它起源于概念学习系统。决策树通过构建一个树状结构来评估在不同概率情况下的期望净现值，以此来评估项目的风险和可行性。这种图形化的表示方法因其分支结构类似于树的枝干而得名。决策树通过分析具有明确结果的历史数据来识别数据特征，并利用这些特征对新数据进行分类和预测。决策树由三个主要元素组成：根决策节点、分支和叶子节点。根决策节点位于决策树的顶部，代表初始决策点，每个分支代表一个决策节点，可进一步细分问题。叶子节点位于决策树的末端，代表最终的决策结果或分类。使用决策树的过程始于根决策节点，然后根据数据特征沿着分支向下进行，直至到达叶子节点，得到预测结果。这种方法提供了一种直观且系统的方式来展示决策过程中的各种可能性及其结果。图 5-15 所示为决策树示意图。

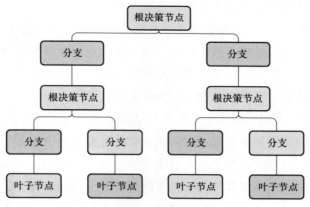

图 5-15　决策树示意图

（4）神经网络

神经网络分为两大类：自然界中的生物神经网络和人工构建的人工神经网络（ANN）。生物神经网络由神经元、辅助细胞和突触构成，负责生物的意识和行为。人工神经网络是一种模仿生物神经网络的数学模型，可用于模拟生物神经网络并行处理信息的能力。人工神经网络通过调整网络内部大量节点（或称为神经元）之间的连接关系来处理信息，其复杂性决定了信息的处理能力。在数据挖掘领域，所指的神经网络即为人工神经网络，它采用类似于大脑突触连接的结构来处理信息。这种网络由大量相互连接的节点构成，每个节点都关联一个特定的输出函数，即激励函数。节点间的连接带有权重，这些权重共同定义了网络的记忆能力。网络的最终输出依赖于其连接结构、权重和激励函数的具体配置。人工神经网络是一种运算模型，它通过模拟自然算法或逻辑策略，对自然界的算法或函数进行逼近或表达。

2. 数据挖掘的定义

数据挖掘，亦称数据勘探或数据采掘，是一种从庞大的数据集中（包括文本数据）揭示隐藏的、未被发现的、对决策制定可能具有重要价值的关联、模式和趋势的技术。它涉及使用多种分析工具来识别数据中的模式和关联，进而构建模型，这些模型能够为决策提供支持，增强预测能力。数据挖掘的过程包括从大量信息中提取有价值的洞察，并将其转化为辅助决策的模型，这些模型可以帮助企业评估风险、进行市场趋势预测等。数据挖掘是一种在大数据背景下，通过分析技术揭示数据深层含义并支持战略决策的方法，以下是对数据挖掘的进一步解释。

1）数据挖掘是一个多学科融合的领域，它不仅包含一组特定的工具或算法，如聚类、分类和预测等，还以目标为导向，致力于从数据中提取知识、规则和其他有益信息，这些信息可以直接或间接地为创造利益服务。从更广泛的角度来看，数据挖掘与概率统计、高等数学、数学分析和离散数学等数学领域紧密相连，难以明确划分界限。同时，数据挖掘也与数据库技术、网络技术和大数据技术等技术领域密切相关。此外，数据挖掘还与各行各业的专业领域和具体业务需求紧密结合，不可分割。数据挖掘跨越了数学、技术和行业专业知识的界限，通过分析和处理数据来发现有价值的信息和模式。

2）数据挖掘的核心目标在于知识的发掘，而非单纯追求复杂的处理技术。它强调的是获取知识的成果，而非获取过程的具体技术手段。在数据挖掘的实践中，复杂的方法并不总是最优选择，因为即便是简单的技术也能有效地洞察和理解数据的内涵，其关键在于所采用的方法能否带来深刻的数据理解和有价值的知识发现。

3）数据挖掘是一项发现性的工作，它在海量数据中寻找可能存在的规律和洞察，尽管这样的知识并不总是保证能够被发现。数据挖掘在技术和专业层面上都充满挑战，因为它本质上是对未知的探索。探索性活动的本质意味着它可能充满困难，并且结果可能难以预测。数据挖掘可能不会总是达到预期效果，这可能因为所使用的技术或方法不适当，或者数据本身未能准确反映实际情况，也可能因为所探求的知识本身就不存在。然而，由于潜在的知识往往具有比显而易见的知识更高的价值，因此数据挖掘是一个持续的追求过程。这种不断的探索是必要的，因为它有助于发现那些能够带来深远影响的洞察。

4）数据挖掘是一项以目标为导向的分析活动，其方向和范围通常由具体的业务需求来确定。这项工作的目标性非常强，不同的挖掘目标可能需要不同的技术、方法以及不同的资源投入。因此，明确的目标对于确保数据挖掘工作的可行性和成本效益至关重要。数据挖掘通常遵循一个结构化的流程，包括初步探索、规划、执行、评估、实施、再次评估、部署以及维护等阶段。如果项目的目标设定不明确，或者在效果和风险评估方面存在缺失，那么项目失败的风险将会显著增加。因此，为了确保数据挖掘项目的成功，明确的目标、周密的计划以及持续的评估和调整是必不可少的。

3. 实时大数据分析策略

人工智能（AI）是一个广泛的概念，它涵盖了能够理解环境并采取行动以完成特定目标的所有设备和分析方法。如今，人工智能更多地被用来描述那些模仿人类大脑功能的技术，比如在车辆自动驾驶中使用的技术。人工神经网络是这类技术中的一个典型例子，人工神经网络的概念早在几十年前就已经存在，并且随着大数据技术的发展而重新获得了关注。深度学习作为人工神经网络的一种高级形式，通过使用层次化的抽象处理方法，提升了对大量数据进行分析时的效率和准确性。

深度学习在处理大规模数据分析，尤其是高维问题方面表现出色，例如从二维图像（如半导体晶圆检测图）中重建复杂的三维结构的模式。深度学习依赖于大量的数据，并采用监督学习的方法，通过数据驱动的方式揭示数据之间的内在联系。然而，深度学习的一个主要局限在于，在模型的开发和维护过程中，难以有效地整合专家领域（SME）的知识，且现有的模型往往不能直接应用于实际场景，这使得模型的评估和适用性成为一个挑战。特别是在半导体制造领域，由于数据背景的复杂性和动态变化，深度学习难以利用大规模的一致性数据来发挥其潜力。为了克服这些挑战，最新的研究正在探索将领域专家的知识与人工智能技术相结合。这种方法有望在未来被应用于生产环境中，以提高深度学习在实际应用中的有效性和可靠性。

大数据分析中另一种备受关注的技术是使用被称为网络爬虫的工具进行环境扫描和分析。这些网络爬虫在后台运作，可以深入挖掘数据以识别有意义的模式或分析结果，例如识别即将发生故障的组件。网络爬虫能够异步地向工厂的控制系统发送通知，以便系统及时采取必要的应对措施。此外，网络爬虫还增强了系统的诊断能力和预测性调整的能力，通过实时监控和分析，系统可以更快地对潜在问题做出响应。这种集成了网络爬虫的分析方法，为提高生产效率和减少停机时间提供了有力的技术支持。

5.4.2　运维效能优化

1. 数据驱动的运维优化策略

得益于数字化技术的应用，企业能够采用多样化的数字化工具和软件，对产品进行设计、分析、模拟和测试。与传统的产品开发流程相比，数字化技术为企业的产品创新带来了新的可能，特别是在精准把握用户需求、提高设计效率和优化研发流程等方面。通过数字化技术，企业能够更精确地进行市场和用户需求分析，实现设计工作的高效率，以及通过并行工程的方法优化研发流程。这种技术的应用，使得产品从概念到市场的整个过程更加高效、灵活，并能够快速响应市场变化。

在数字经济的大背景下，消费者的购物行为，无论是在线上还是线下，都产生了海量的数据。这些数据可以通过软件（软感知）或硬件（硬感知）手段被捕捉和记录。线上购物的普及使得电子商务成为主流的购物渠道。中国互联网络信息中心发布的《第 53 次中国互联网络发展状况统计报告》指出，到 2023 年底，中国的互联网用户数量已达到 10.92 亿，其中网络支付用户规模达 9.54 亿人，占比超过 87%。中国已连续多年拥有全球最大的网络零售市场。消费者在网络平台上的注册信息、浏览轨迹、搜索历史、购买行为和产品评价等数据，为分析消费者的行为提供了丰富的资源。在线下，实体店铺同样可以利用数字化技术来收集消费者的购物数据，包括年龄、性别、在商品前的停留时间、体验偏好和购买记录等。这些数据为深入了解消费者的需求提供了宝贵的信息。通过运用数据挖掘技术，如观点挖掘、情感分析、关联规则学习、分类和聚类等，企业可以从宏观和微观两个层面深入理解消费者的行为。一方面，企业可以把握消费者群体的总体行为特征；另一方面，企业可以在个体层面上精确描绘消费者的行为，洞察消费者对产品特性的偏好和需求，如外观设计、操作交互、使用场景和功能需求等。基于这些洞察，企业可以更精准地进行产品设计，以满足消费者的个性化需求。这种以数据为驱动的产品设计方法，有助于企业在激烈的市场竞争中获得优势。

数字化技术的融入已经彻底改变了新产品的开发和设计过程。通过应用如计算机辅助设计（CAD）、计算机辅助工艺规划（CAPP）、计算机辅助工程（CAE）、计算机辅助制造（CAM）和产品数据管理（PDM）等工具，产品设计的效率得到了显著提升，同时产品开发的周期也得以缩短。

在传统的产品开发流程中，需求分析、产品设计、工艺规划、原型制作和产品验证是几个关键步骤。产品设计和工艺规划构成了产品创新的早期阶段，而产品验证通常在原型制作之后进行。这一过程涉及对实体样品进行全面的物理测试以获得验证结果，并基于这些结果进行产品优化，形成一个较长周期的迭代过程，这可能导致开发周期延长、成本增加和风险上升。随着数字化技术的发展，基于虚拟环境的"模拟择优"方法开始取代传统的产品开发模式。利用数字化技术，可以在虚拟空间中对产品进行精确的数字化定义和描述，创建新产品的几何模型，并详细说明其形状、属性和结构等特征，以此构建出一个虚拟的原型。基于这个虚拟的原型，在设计阶段就可以执行大量的仿真测试和虚拟验证，模拟产品在真实世界中的性能表现。例如，可以让用户在虚拟环境中体验产品，收集他们的反馈，然后根据这些反馈来调整设计或工艺参数，快速迭代优化方案。这种方法能让产品开发中的关键问题和潜在错误在设计阶段就得到解决，实现了一个高效的"设计-仿真-优化"循环。这种"小循环"开发模式不仅提高了物理测试的成功率，还有效降低了开发成本，提升了开发效率。

在制造业中，传统的产品开发通常遵循一种顺序工程的方法。这一方法将产品的开发流程划分为若干个连续的阶段，包括需求分析、产品设计、工艺规划、原型制作、产品验证和反馈优化，如图 5-16 所示。研发任务在不同部门间按顺序传递，每完成一个阶段才会进入下一个阶段。这种串行的流程可能导致各个环节无法全面考虑整个设计过程，从而难以达到整体最优化。它还可能有开发周期延长、效率降低和成本增加等问题。

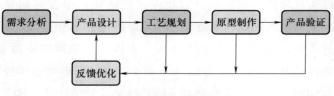

图 5-16　顺序工程的方法

采用 CAD、CAPP、CAE、CAM 和 PDM 等先进的数字化技术与工具，制造业企业能够实现高度集成的数字化模型和研发工艺的仿真系统。这些技术与工具使得原本按顺序独立进行的开发任务能够在时间和空间上实现交叉工作、重新组合和优化，允许一些原本属于后期阶段的开发活动提前至早期阶段进行。因此，开发流程经历了从传统的线性序列到现代化的并行处理的转变。

并行工程这一理念最初由美国国家防御分析研究所在 1988 年提出，它是一种系统化的方法，用于同时设计产品及其相关的制造和支持流程（见图 5-17）。这种方法的目标在于提升产品的质量，减少成本，缩短产品从开发到上市的时间。并行设计作为并行工程的关键组成部分，代表了一种集成化、同步化和系统化的工作方式。它强调从产品开发的最初阶段就全面考虑产品整个生命周期的所有要素，包括产品质量、成本、时间表和用户需求。在设计阶段，就将后续阶段的生产可行性、技术可行性和可靠性作为设计的限制条件，以减少在开发后期因发现问题而需要返工的情况。随着数据采集技术的进步和互联网、云计算等协同平台的普及，原本按顺序进行的设计活动，如产品设计、工艺设计、装配设计和检验设计，现在可以在时间上并行进行，实现了活动的交叉和重叠。这种并行的设计流程促进了信息和知识的共享，加强了不同阶段设计人员的协作，从而使得产品能够实现全局最优设计，同时显著缩短开发周期，提高开发效率。

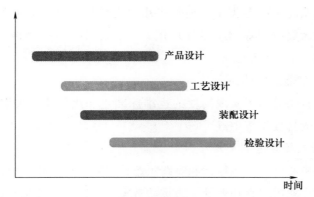

图 5-17　并行工程

我国 C919 大型客机的研制就采用了并行工程方法，通过广泛应用 MBD、CAD 和 CAE 等技术，研制人员构建了数字样机，这使得设计和制造团队能够基于同一数据对象进行各自的工作，无需实体零件的制造和装配，就能模拟真实的制造和装配过程。通过发现设计中的工艺性问题，实现了产品设计、工艺设计、装配设计和检验设计等环节的同时进行，提高了飞机研制的效率，降低了成本，缩短了约 20% 的研制周期。

2. 效能评估与改进

（1）以自动化设施提升运行效率

我国的互联网企业和第三方服务提供商积极推动了自动化运营，但大多数数据中心仍处于 Level2 水平。根据中国信息通信研究院的调研，大多数数据中心在电气和暖通系统的自动化运营方面，面临市电故障时，若要大多数数据中心按照设计要求分配高压电能给自动化运营电气和暖通系统是十分困难的。在智能化运营理念和软硬件协同方面仍有提升空间。实现数据中心的"智能驾驶"，关键在于使自动化设备能够全方位做到发现、诊断和处理各种情况。在数据中心向自动化运营迈进的过程中，企业需要重新审视运维问题，这涉及逻辑、参数、设计和管理等方面，并需要深入探索弱电领域。

（2）以 DCIM 平台促进智能管理

目前，数据中心管理平台和人工智能软件层出不穷，其中一些常见的运维管理软件用于向数据中心的管理者展示报告或支持日常运维工作。但开放数据中心委员会（ODCC）的调研显示，许多业主仍认为智能化产品的发展方向难以把握，导致许多中小型数据中心仍依赖人工和表格统计进行管理。中国信息通信研究院的测试则显示，仅有少数数据中心达到了智能化管理 Level4 水平，其中部分数据中心已开始采用 ODCC 发布的监控指标规范。然而，在数据采集规范和质量方面仍存在挑战，例如数据中心对采集器断开后数据传输的延迟等问题尚无很好的解决方法。在故障报警速度方面，大部分数据中心的平台端收到报警的时间超过 30s，只有少部分数据中心能够在 20s 内完成报警，有效降低运行风险。

在推动 DCIM 高水平建设和智能化应用方面，已经出现了许多成功案例。例如，腾讯怀来瑞北云数据中心利用腾讯智维平台构建了闭环管理体系，实现了秒级故障感知和高准确度的故障定位。数据港张北 2A2 数据中心通过采用先进架构提高了数据处理的效率和系统的稳定性。中国·雅安大数据产业园 1 号楼运用人工智能技术进行精准运维，可以结合 BIM 模型进行智能化管理。

（3）以技术手段赋能运维体系变革

目前，我国的数据中心为了实现高度的运维标准化和流程化，大多采用了 ITIL 等通用方法论，将运维流程固化在系统中。

（4）以巡检机器人释放运维人力

目前，许多数据中心已经积极探索和实践了巡检机器人的应用，但对于智能化运维机器人的理解和认识，在产业界仍存在差异。为推动数据中心向智能化运营迈进，需要机器人研发厂家、数据中心和相关设计建设单位等加强协作，加快行业对机器人的实际应用。

思 考 题

1. 请简述数据传输技术在现代通信网络中的重要性，并列举至少两种常见的数据传输方式。

2. 请描述数据传输过程中的两个主要考虑因素，并解释为什么它们对数据传输的安全性和效率至关重要。

3. 请描述大数据分析中常用的两种优化技术，并解释它们如何帮助提升了大数据分析的效率和效果。

4. 在大数据环境下，分析与优化在业务决策中扮演着什么角色？

5. 数据采集在大数据分析中的重要性是什么？请简述数据采集过程中应考虑的关键因素。

6. 在大数据时代，数据存储面临着哪些挑战？请列举并简述应对这些挑战的策略。

科学家科学史

"两弹一星"功勋科学家：杨嘉墀

第 6 章

智能集成制造工厂管理

PPT 课件

智能集成制造工厂管理是一个综合了人工智能、物联网和大数据等先进技术的现代化管理模式，它旨在实现高效、灵活和智能的生产过程，通过将人工智能、物联网和大数据等技术与传统的制造过程相结合，实现了生产过程的智能化、集成化和高效化。智能集成制造工厂管理强调在生产、管理和销售等各个环节实现数据的互联互通和协同作业，以提高生产效率，降低成本，优化产品质量和满足市场需求。本章将从生产计划与调度、质量与可靠性管理、成本与智能周期管理和智能维护与设备管理的角度对智能集成制造工厂管理进行介绍。

6.1 生产计划与调度

6.1.1 生产能力动态评估

智能集成制造工厂是一个高度自动化、信息化和智能化的制造系统，可以将产品的设计、工艺、生产、设备和物流等进行集成，实现高效智能的生产模式。对于企业来讲，如何对智能集成制造工厂进行有效的评估，如何根据评估结果来指导企业的生产经营活动，如何根据评估结果进行及时的调整与优化十分重要。生产能力动态评估可以允许制造企业实时了解和调整其生产能力，以适应市场需求的变化，优化资源分配，减少浪费，并提高整体的生产效率。图6-1所示为某智能集成制造工厂。

企业在进行智能集成制造工厂评估时，主要有以下七个目的：

1）识别企业在生产经营中的瓶颈环节，及时发现问题，从而改善企业的生产经营活动。

2）对企业的智能集成制造工厂进行有效评估，从而判断企业的智能集成制造工厂是否能够满足企业对生产线的要求，是否能够满足未来生产的需求。

3）为企业提供优化智能集成制造工厂生产能力的建议和方向。

4）为智能集成制造工厂提供技术支持与数据统计分析。

图 6-1　智能集成制造工厂

5）为相关政府部门制定政策提供参考依据。

6）为企业高层管理人员提供决策依据。

7）为企业的对外合作提供参考依据。

在对智能集成制造工厂进行评估时，应该遵循以下基本原则：

1）从企业的实际情况出发，结合行业特点，分析评估结果是否准确，是否有针对性。只有从企业实际情况出发才能得到正确的评估结果。

2）评估方法要客观，评估人员要具备专业知识与能力，并且能够与被评估企业进行充分的沟通与交流。在对被评估企业进行评估时，要充分考虑其实际情况，不能照搬照抄或者生搬硬套其他企业的指标来进行评估。

3）评估过程要客观公正，在进行评估时，对于被评估企业提供的数据和信息要及时准确地分析与处理，并以科学的态度和方法来处理数据和信息。

4）评估结果要具有可信度，在对被评估企业提供的数据和信息进行分析之后，应得出一个相对准确的结论，并且根据这个结论来指导企业的生产经营活动。不能随意编造数据或者夸大其词。

5）在对被评估企业进行评估时，一定要客观公正地对待其优点和不足之处，从而促进企业更好地发展。企业对于存在的问题和不足之处也要及时发现并解决。

6）对被评估企业提供的数据和信息进行分析后，得到的结论应当能够指导企业解决生产经营活动中遇到的问题，促进企业的发展。

在企业的生产经营活动中，智能集成制造工厂是一种高度自动化、信息化和智能化的制造模式，它通过对生产过程的动态监测，来实现对生产过程的持续优化。因此，在企业进行生产能力评估时，需要将其看作一个动态的生产过程，并根据企业自身的实际情况来进行动态评估。在动态评估过程中，需要关注生产系统的整体运行情况、生产任务执行情况以及生产过程中各个环节的运行情况等。企业可以采用"五步法"来进行生产能力评估，即收集相关数据、识别主要问题、确定问题类型、分析主要问题和制定应对策略。在此基础上，企业可以根据实际情况对评估结果进行适当调整与优化。

在"五步法"评估流程中，企业首先需要收集相关数据，然后通过分析数据，识别出当前存在的主要问题，并确定问题类型。在此基础上，企业可以通过分析当前的问题类型，来制定相应的应对策略。最后，企业需要根据当前所采取的应对策略，来进行动态评估，并对评估结果进行适当调整与优化。在此过程中，企业需要注意以下四点：

1）采用"五步法"评估时，需要注重对企业当前实际情况的考虑。

2）在进行动态评估时，需要采取定量和定性相结合的方法。

3）在进行动态评估时，需要遵循全面、系统、动态、科学和灵活的原则。

4）在进行动态评估时，需要遵循真实性、可重复性和可验证性的原则。

评估结果是企业生产能力的具体表现，其主要体现在两个方面：一方面是评估结果可以指导企业制定合理的生产计划，并在一定程度上为企业的生产管理决策提供支持；另一方面是评估结果可以为企业的生产组织与管理提供决策依据，进而帮助企业提高生产效率。因此，对评估结果进行分析与应用，有利于企业提高整体的生产能力水平。在具体应用过程中，主要包括以下三个方面：一是对评估结果进行分析与总结，对存在的问题进行深入分析；二是对评估结果进行反馈与改进，使其能够为后续的工作提供指导；三是根据评估结果制定合理的生产计划。

例如，某大型企业在进行生产线改造升级时，希望对其智能集成制造工厂进行动态评估，评估的指标主要有：关键工艺技术参数、设备状态、质量检验数据、工艺稳定性、产品合格率和生产计划完成率等。在动态评估该企业的智能集成制造工厂时，首先由信息部提供初始评估数据，然后运用信息化技术，如 APS、MES 和 ERP 等进行分析与挖掘，获取工厂生产过程中的关键信息，最后结合实际生产数据与计划生产数据进行对比分析，对评估结果进行调整与优化。

智能集成制造工厂评估旨在识别生产瓶颈，改善生产活动，评估工厂满足当前及未来需求的能力，并提供可以提升生产能力的建议和技术支持。评估需结合企业的实际情况，确保方法客观，过程公正，结果可信。采用"五步法"动态评估，通过收集数据、识别问题、分析和制定应对策略，实现生产过程的持续优化。评估结果为制定合理生产计划和管理决策提供支持，有助于提高生产效率和产品质量。应用先进的信息化技术，如 APS、MES 和 ERP，提升工厂生产过程的稳定性和产品的质量合格率。

6.1.2　物料需求计划

在制造业的生产计划中，物料需求计划是核心内容，它是将物料需求与采购、制造、装配和库存等各个部门紧密联系在一起的纽带。

由于市场环境复杂多变，企业在进行生产活动时会面临多方面的不确定性因素，所以对物料需求计划的制定和实施要比传统生产管理模式更为复杂。这就要求企业必须要建立一个高效的物料需求计划（MRP）管理系统，通过对物料需求计划的有效管理，实现对企业生产、采购和库存等活动的统一调度，从而保证企业生产过程中各个环节的顺畅衔接，达到提高生产效率、降低制造成本的目的。在对企业生产经营活动进行计划、控制和管理的过程中，物料需求计划是一个重要环节，它是根据客户的订单要求，结合生产设备能力、生产能力、产品工艺特性和物料自身特点等条件，对所需物料进行预测，从而确定该产品或物料的总需求量和各分块需求量的一种计划。其主要作用在于通过对企业生产资源的合理配置和有效利用，来最大限度地提高企业的生产效率和经济效益。在物料需求计划中，生产计划部门负责根据客户订单制定生产计划；采购部门负责根据客户订单制定采购计划；装配部门负责根据客户订单制定装配计划；仓库部门负责根据客户订单制定仓库计划；财务部门则根据客户订单和仓库情况进行生产成本核算。因此，物料需求计划不仅要具备对各部门生产的管理功能，还必须具备对物料需求数据进行统计分析、监控和自动计算等功能。在企业生产活动中，由于受到市场环境的影响，市场需求会不断发生变化，所以导致企业的生产有时可能无法满足市场变化的需要。如果不及时进行物料需求计划管理，就会导致库存积压和物料短缺等现象。因此，物料需求计划管理系统必须要能对企业生产过程中各部门所需要的物料进行合理分配和采购。这样可以减少企业库存积压，减少采购成本，提高企业经济效益。

在物料需求计划管理系统中，既要实现对各部门所需要的各种物料进行合理分配和采购，还必须对各部门所需要的各种物料进行及时跟踪、控制和管理。对于制造型企业来说，产品成本是相当主要的成本项目之一。要想降低制造成本，首先必须控制好制造过程中各个环节的成本支出。图 6-2 所示为物料需求计划分析，通过合量规划和设计物料需求计划系统，企业可以将生产过程中的各种资源和消耗整合到一个统一的平台上进行管理。

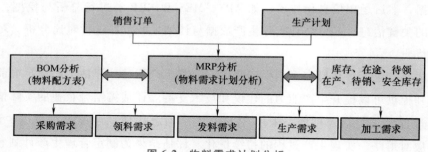

图 6-2　物料需求计划分析

在整个生产过程中，物料需求计划管理系统需要对生产设备能力、生产能力和物料供应状况进行实时监控，以此及时发现生产过程中可能出现的各种问题并加以解决，同时避免出现由于设备故障或某些部件损坏而导致整个企业生产中断的现象。在整个生产过程中，任何一个环节出现问题都会导致产品质量下降或交货期延长。因此，在对企业进行物料需求计划管理时，必须要能够及时跟踪各种产品的质量信息和交货期信息，并对影响产品质量和交货期的各种因素进行深入分析，同时通过对各种数据进行统计分析来及时掌握企业的生产状况。

物料需求计划管理系统的主要功能包括：物料需求计划管理、采购计划管理、库存管理、生产调度与控制管理、成本与利润管理和客户关系管理。

1. 物料需求计划管理

物料需求计划管理要根据企业的生产特点和生产流程，结合企业的实际情况，合理地确定生产所需要的材料。在制定物料需求计划时，首先要根据企业的产品结构和工艺流程来确定所需的原材料，然后根据原材料的来源确定所需的供应商，最后根据供应商提供的原材料来计算物料需求计划。在这个过程中，如果涉及一些多品种、小批量的产品，还要考虑库存以及运输等问题。

2. 采购计划管理

在采购过程中，要根据企业的实际情况制定出合理的采购计划。首先要考虑各种原材料在未来一段时间内的供应情况；其次要考虑在一定时期内各种原材料的总需求量；最后要考虑不同供应商之间的原材料价格差异。只有这样，才能保证在满足企业生产需求的同时，尽量降低采购成本。

3. 库存管理

库存管理既要保证企业生产所需的材料能及时供应到生产现场，又要尽量降低企业生产成本。在库存管理过程中，首先要根据原材料和半成品等物资来确定物料需求计划和产品需求计划所需原材料、半成品和成品数量；然后根据实际库存情况来确定每种物资的库存量以及每种物资之间所需的间隔时间；最后根据库存情况和产品需求计划来制定采购计划。

4. 生产调度与控制管理

在生产过程中，必须对生产进度进行严格控制。当企业面临突发事件，如设备故障、零部件缺货等情况时，就需要及时对生产进行调整。这时就要根据企业的实际情况来制定物料需求计划，同时也要对生产进度进行监控。

5. 成本与利润管理

在企业生产经营过程中，需要产生一定的成本，包括材料费、人工工资、机器设备折旧和各种税费等。物料需求计划管理系统能对这些费用进行统计与核算，并根据相关数据对企业利润进行预测与分析。

6. 客户关系管理

在企业生产经营过程中，客户是企业的重要资源之一。对于产品来说，它是企业获得利润的源泉；对于服务来说，它是企业扩大市场份额的重要保证。因此在产品制造过程中，要对客户进行深入了解和分析。如果企业没有及时掌握客户信息和需求信息，就会影响企业生产计划的制定以及对市场变化的快速反应能力。所以在物料需求计划管理过程中，需要及时收集、整理和分析客户信息和需求信息，同时也要建立与客户之间的良好关系。

物料需求计划系统一般由主生产计划系统、物料需求计划模块、采购管理模块、物料库存管理模块和人力资源管理模块等组成。主生产计划系统主要完成生产任务的分解和分配，物料需求计划模块主要负责物料的采购、库存及生产任务的执行，采购管理模块主要负责从供应商处采购原材料及零配件，并按照各工序的先后顺序进行生产，在各工序之间建立一种平衡关系。物料库存管理模块主要负责对原材料、在制品和半成品的库存情况进行管理。人力资源管理模块主要完成人员基本信息管理、人员考勤管理和工资核算，并将人员的基本信息输入主生产计划系统中。

6.1.3　生产流程优化

实验

在制造企业，生产流程的管理与控制是一项重要的工作。生产流程的管理与控制直接关系到企业的生产效益、生产成本和产品质量，最终影响企业的经济效益。因此，对生产流程进行科学管理和优化，不仅可以提高企业的整体管理水平和效益，而且可以有效地提高产品质量和市场竞争力。智能集成制造工厂的生产流程优化通过对企业生产现场的全面扫描和信息收集，可以全面分析并了解生产现场的情况和企业的现状，对影响生产流程的各项因素进行有效分析和统计，通过运用先进的信息技术和科学管理方法，制定出合理有效的生产流程优化方案。从而为企业提供一套切实可行，具有实际意义的解决方案。

1. 实现产品的质量追溯

产品的质量追溯是指将产品从制造到使用的整个过程进行跟踪和控制，使之具有可追溯性。传统的质量控制只关注从原材料入库到产品出厂的这段过程，而智能集成制造工厂的生产流程优化实现了对生产流程中每个阶段的监控和管理，做到了对产品整个生命周期的跟踪和控制。

在智能集成制造工厂的生产流程优化中，产品的整个生命周期都有相应的记录，当发生质量问题时，可以通过追溯相关信息查找出质量问题的根源，从而找到解决方案。

质量追溯系统还可以记录和存储产品整个生命周期中的所有信息，如原材料采购、生产、入库、出库和检验等信息。在质量追溯系统中，如果出现质量问题，系统就会显示出相应的质量记录和信息，对问题产品进行精确定位。这样就可以及时发现问题并进行补救，从而避免类似问题再次发生。

2. 降低库存，提高生产效率

智能集成制造工厂的生产流程优化可以优化产品的结构，降低产品的库存。同时，通过对生产流程的优化，可以大大降低产品的生产成本。而且，对于批量较大的产品来说，如果只采用传统的生产方式，往往需要很长时间才能生产出所需的全部产品，企业通过采用先进技术和管理方法，可以大幅度提高生产能力。

3. 减少设备的停机时间

1）对生产线设备进行运行记录，并建立设备故障日志。在出现故障时，能够及时处理，减少设备的停机时间。

2）对生产线的加工节拍进行统计，从而得到每台设备的最大生产节拍时间，以便合理安排设备的使用。

3）利用信息技术对生产线进行管理，确保生产任务能按计划顺利完成。

4）运用工业工程理论及方法，对生产线的组织管理进行改进与优化，以达到最优效率。

5）建立车间现场生产信息系统，及时反馈车间信息，指导生产。

6）建立车间现场质量管理体系和现场基础信息档案。加强对质量问题的预防和控制，避免因质量问题造成的损失和不良影响。做好设备保养工作，防止设备带故障作业。

4. 实现柔性制造

柔性制造技术（FMS）是近年来出现的新技术，它是在计算机集成制造系统和制造执行系统的基础上发展起来的一种自动化生产技术。柔性制造可以根据市场需求，改变其生产规模、结构和产品类型。在传统的制造系统中，由于产品批量大，品种多，通常采用固定设备或专用设备进行生产，产品种类相对固定，因此难以满足市场多样化的需求，而柔性制造系统具有较强的适应性、灵活性和应变能力，它可以根据用户要求进行快速反应，实现个性化的产品定制。柔性制造系统以其高度柔性化，多品种，小批量的生产形式以及对市场变化快速反应等特点，在制造业中得到了广泛应用。柔性制造技术不仅能适应不同类型的企业和不同类型的产品，而且可以实现不同类型的企业之间及企业与市场之间的信息交流和协调。

5. 降低生产成本

智能集成制造工厂的生产流程优化可以实现生产的自动化，能极大降低劳动成本和管理成本，从而提高企业的经济效益。生产流程优化可以节约原材料及能源消耗，减少浪费，降低生产成本，提高劳动生产率水平，进而提高产品质量，增加企业的经济效益，缩短产品的生产周期，提高生产效率，减少库存占用和库存费用，减少制造过程中的损耗和废品损失。生产流程优化为企业提供了一个合理有效的解决方案，并可为企业在激烈的市场竞争中增强自身实力，取得竞争优势，实现可持续发展。

6. 提高企业的竞争力

通过优化企业的生产流程，可以提高企业的生产效率，使企业在市场竞争中获得更多的机会。对企业来说，要想在市场竞争中占据一席之地，必须要提高企业的竞争力，不断创新是企业不断发展的动力。因此，只有提高生产效率和产品质量，才能进一步提升企业的竞争力。

智能集成制造工厂的生产流程优化是一个系统工程，需要企业从战略、组织、技术和文化等方面入手，结合企业的实际情况进行综合考虑。在智能集成制造工厂的生产流程优化实施过程中，需要充分了解客户需求、行业状况和市场竞争环境等因素，制定出符合自身发展实际的生产流程优化方案。具体来说，实施智能集成制造工厂的生产流程优化方案可以有效提高产品质量，缩短交货期，降低成本，提高客户满意度。通过对生产流程的控制与优化，也可以有效地降低企业的运营风险，从而提高企业竞争力。

6.2 质量与可靠性管理

6.2.1 智能质量管理系统

质量是企业的生命，企业的产品质量直接关系到企业的生存和发展。随着我国经济的快速发展,市场竞争日趋激烈,企业要想在市场竞争中立于不败之地,就必须不断提高产品质量。智能质量管理系统可对生产过程中出现的产品质量问题进行自动分析和统计,以便及时发现产品质量问题并进行处理,实现全过程、全方位的智能监控。

1. 智能质量管理系统框架

智能质量管理系统包括数据采集、数据处理和数据展示三大部分,以此实现对企业生产流程中质量信息的实时监控和管理。数据采集主要是对质量信息进行采集,包括原材料的品质检验、生产过程中的工序质量监控和产品质量检测等。数据处理主要是对采集到的质量信息进行加工处理,包括产品质量信息的存储、提取和统计分析等。数据展示主要是将处理后的数据通过图表、报表等形式表现出来。系统采用 C/S 与 B/S 相结合的体系结构,通过SQL Server 数据库将企业生产过程中产生的大量质量信息进行存储,并在数据库中建立相应的索引,为用户提供数据查询和分析功能,方便用户随时掌握整个企业生产过程中的质量情况。

2. 质量检测技术

1)表面粗糙度检测技术:表面粗糙度是反映被测工件表面质量的一项重要指标。可采用精密粗糙度仪、光学显微镜等对工件的表面粗糙度进行检测,并将结果与标准进行比较,判断其是否达到规定的要求。

2)尺寸精度检测技术:可采用精密游标卡尺、千分表等测量工具,对被测工件的尺寸进行精确测量,并通过计算得出尺寸偏差值。

3)表面缺陷检测技术:在对工件表面进行测量的同时,可利用各种仪器对工件表面的缺陷进行检测,如目视检测、超声波检测和磁粉检测等。

4)形状精度检测技术:形状精度指加工后的零件表面的实际几何形状与理想几何形状的符合程度。可以通过扫描工件的表面,并利用计算机处理扫描图像,得到工件的各种几何参数,如圆角半径、台阶高度等。例如,图 6-3 所示为使用悬丝诊脉技术检测机床主轴电动机的实时数据,可以通过对这些数据的分析,实现对零件质量的实时监测。

3. 质量检测流程

(1)取样

取样是指从被检对象中随机选取一部分作为样本,供后续检测时使用的一种工作方式。目前,智能质量管理系统中的取样方式主要包括随机取样、系统取样、抽样检测、重点抽查和全面抽查等。在抽样检测中,需要注意不能将一批产品全部作为检测样本来进行检测,而应该采用抽样检测中的典型样本来进行检测,这样才能保证检测结果的代表性,防止不合格产品流入下一道工序。

(2)智能识别

智能识别系统利用各种传感器采集或检测到的图像,经过图像处理技术得到需要的信息,如缺陷和尺寸等,并根据需要把这些信息转换成一定形式的输出,实现智能识别。

图像处理技术是智能识别的重要组成部分。传统的图像处理技术主要包括图像的滤波、边缘检测、二值化、形态学运算和边缘提取等。随着计算机技术的发展，基于计算机的图像处理技术出现了很多新算法和新方法，如小波变换法、人工神经网络法、模糊理论法和支持向量机算法等。随着数字信号处理器（DSP）和现场可编程门阵列（FPGA）技术的发展，采用 DSP 和 FPGA 来实现复杂算法成为可能。这些新算法和新方法应用于图像处理后，使得系统具有了更高的处理速度和更强的抗干扰能力，提高了系统识别率。

图 6-3　悬丝诊脉技术

（3）数据处理

随着传感器的普及，以及数据采集和存储技术的飞速发展，制造业的数据同样呈现出大数据的基本特性，其已经具备了典型的"4V"特性，即规模性（Volume）、多样性（Variety）、高速性（Velocity）和价值密度低（Value）。

1）规模性：规模性是指制造业数据的体量比较大，即大量机器设备的高频数据和互联网数据会持续涌入，其中大型工业企业的数据集将达到 PB 级甚至 EB 级。以半导体制造为例，在单片晶圆的质量检测时，每个站点能生成几 MB 的数据。一台快速自动检测设备每年就可以收集到将近 2TB 的数据。

2）多样性：多样性是指数据类型多样且来源广泛。制造业的数据分布广泛，这些数据来自机器设备、工业产品、管理系统和互联网等处，并且结构复杂，既有结构化和半结构化的传感数据，也有非结构化的数据。例如，生产中涉及的产品 BOM、工艺文档、数控程序、三维模型和设备运行参数等数据往往来自不同的系统，具有完全不同的数据结构。

3）高速性：高速性是指生产过程中对数据的获取和处理实时性要求高，生产现场级要求时限时间分析达到毫秒（ms）级，以便为智能制造提供决策依据。

4）价值密度低：这是指在制造业的海量数据中，存在大量重复的无价值数据，包含大量有用信息的数据所占比重极低，导致整个制造业数据的价值密度低，想要从海量数据中挖掘有用的信息也就更加困难。

制造业数据除了具备"4V"特性以外，还兼具了体现制造业特点的"3M"特性，即多来源（Multi-source）、多维度（Multi-dimension）和多噪声（Much-Noise），如图 6-4 所示。

1）多来源：多来源是指制造业数据来源广泛，覆盖了整个产品全生命周期的各个环节。同样以晶圆生产为例，晶圆制造车间的产品订单信息、产品工艺信息、制造过程信息和

图 6-4　制造业数据特性

制造设备信息分别来源于排产与派工系统、产品数据管理系统、制造执行系统、数据采集与监控系统和良率管理系统等。

2）多维度：多维度是指同一个体具有多个维度的特征属性，不同属性直接存在复杂的关联或耦合关系，并共同影响当前个体的状态。以 CNC 机床为例，其状态数据包含电压、电流、主轴功率、切削速度和主轴温度等多个属性。

3）多噪声：多噪声是指在数据的采集、存储和处理过程中，由于传感器老化及人为因素等原因，数据中存在缺失、空白、重复和干扰等影响因素，导致数据呈现高噪声的特性。

数据处理是智能制造的关键技术之一，其目的是从大量杂乱无章、难以理解的数据中抽取并推导出对特定的人们来说有价值、有意义的数据。常见的数据处理流程主要包括数据清洗、数据融合、数据分析以及数据存储，如图 6-5 所示。

图 6-5　数据处理流程

（1）数据清洗

数据清洗也称为数据预处理，是指对所收集的数据进行分析前的审核、筛选等必要的整理，并对存在问题的数据进行处理，从而将原始的低质量数据转化为方便分析的高质量数据，并确保数据的完整性、一致性、唯一性和合理性。考虑到制造业数据具有多噪声的特性，其原始数据往往难以直接用于分析，无法为智能制造提供决策依据。因此，数据清洗是实现智能制造和智能分析的重要环节之一。数据清洗主要包含三部分内容：数据整理、数据变换以及数据归约。

1）数据整理：数据整理是指通过人工或者某些特定的规则，对数据中存在的缺失值、噪声和异常值等影响数据质量的因素进行筛选，并通过一系列方法对数据进行修补，从而提高数据质量。

2）数据变换：数据变换是指通过平滑聚集、数据概化及规范化等方式将数据转换成适于数据挖掘的形式。制造业数据种类繁多，来源多样，来自不同系统、不同类别的数据往往具备不同的表达形式，通过数据变换可以将所有的数据统一成标准化，规范化，适合数据挖掘的表达形式。

3）数据归约：数据规约是指在尽可能保持数据原貌的前提下，最大限度地精简数据量。制造业数据具有海量特性，大大增加了数据分析和存储的成本。通过数据归约可以有效地降低数据体量，减少运算和存储成本，同时提高数据分析效率。

常见的数据归约方法包括特征归约（特征重组或者删除不相关特征）、样本归约（从样本中筛选出具有代表性的样本子集）和特征值归约（通过特征值离散化简化数据描述）等。

（2）数据融合

数据融合是指将各种传感器在空间和时间上的互补与冗余信息依据某种优化准则或算法组合，来产生对观测对象的一致性解释和描述。其目标是基于各传感器的检测信息分解人工观测信息，通过对信息的优化组合来导出更多的有效信息。制造业数据存在多源特性，同一观测对象在不同传感器、不同系统下，存在着多种观测数据。通过数据融合，可以有效地形成各个维度之间的互补，从而获得更有价值的信息。常用的数据融合方法可以分为数据层融合、特征层融合以及决策层融合。

（3）数据分析

数据分析是指使用适当的统计分析方法，对收集来的大量数据进行分析，将它们汇总、理解和消化，以求最大化地开发数据的功能，发挥数据的作用。数据分析是为了提取有用信息和形成结论而对数据开展详细研究和概括总结的过程，是智能制造中的重要环节之一。与其他领域的数据分析不同，制造业的数据分析需要融合生产过程中的机理模型，以"数据驱动+机理驱动"的双驱动模式进行数据分析，从而建立高精度、高可靠性的模型，以此真正解决实际的工业问题。

常见的数据分析方法包括列表法、作图法、时间序列分析、聚类分析及回归分析等。

1）列表法：列表法将数据按一定规律用列表方式表达出来，是记录和处理数据时最常用的方法。表格在设计时要求对应关系清楚，简单明了，有利于发现相关量之间的相关关系。此外还要求在标题栏中注明各个量的名称、符号，数量级和单位等。根据需要还可以列出除原始数据以外的计算栏目和统计栏目等。

2）作图法：作图法可以醒目地表达各个数据之间的变化关系。从图像上可以简便求出需要的某些结果，还可以把某些复杂的函数关系通过一定的变换用图像表示出来。

3）时间序列分析：时间序列分析可以用来描述某一对象随着时间发展而变化的规律，并根据有限长度的观察数据，建立能够比较精确地反映序列中所包含的动态依存关系的数学模型，并借以对系统的未来进行预测。例如通过对数控机床电压的时间序列数据进行分析，可以实现机床的运行状态预测，从而实现预防性维护。常用的时间序列分析方法有平滑法、趋势拟合法、AR 模型、MA 模型、ARMA 模型以及 ARIMA 模型等。

4）聚类分析：聚类分析是指将物理或抽象对象的集合分组为由类似的对象组成的多个类的分析过程，其目标是在相似的基础上收集数据来分类。聚类分析在产品的全生命周期中有着广泛的应用，例如通过聚类分析可以提高各个零部件之间的一致性，从而提高产品的稳定性。常见的聚类分析方法包括基于划分的聚类方法（如 K-means 和 K-medoids）、基于层次的聚类方法（如 DIANA）以及基于密度的聚类方法（如谱聚类和 DBSAN）等。

5）回归分析：回归分析是指通过定量分析确定两种或两种以上变量之间的相互依赖关系。常用的回归分析方法主要包括线性回归、逻辑回归、多项式回归、逐步回归、岭回归以及 Lasso 回归等。近年来，随着人工智能的飞速发展，除了上述方法外，以深度学习为代表的人工神经网络以及以支持向量为代表的统计学习开始逐渐受到关注。

（4）数据存储

数据存储是指将数据以某种格式记录在计算机内部或外部的存储介质上进行保存，其存储对象包括数据流在加工过程中产生的临时文件或加工过程中需要查找的信息。在数据存储中，数据流反映了系统中流动的数据，它表现出动态数据的特征；数据存储反映了系统中静止的数据，表现出静态数据的特征。数据存储管理系统可以分为单机式存储和分布式存储两类。单机式存储较为传统，一般采用关系数据库与本地文件系统结合的存储方式，无法为大规模数据提供高效存储和快速计算的支持。分布式存储的工作节点多，能够提供大量的存储空间，同时能够与互联网技术结合，其数据请求及处理速度较快，近年来受到越来越多的关注。

4. 质量追溯

智能质量管理系统可以分析和处理不同的质量信息，形成产品质量追溯体系，对产品质量进行有效的追溯。质量追溯系统可对企业的产品生产过程进行监管，通过对产品进行追溯，找出可能存在的质量问题，发现潜在风险，进行改进和完善。在追溯的过程中，企业能够实现对问题产品进行召回、分析召回原因、实施召回措施等，从而有效地降低了问题产品再次流入市场的风险。

质量追溯是一个重要的过程，它确保了产品或服务的质量、来源以及可能的问题点都能被准确地追踪和定位。这个过程涉及多个方面，包括区块链技术和上下游追溯。

（1）区块链技术

区块链技术以其去中心化、不可篡改和透明公开等特性，为质量追溯提供了强大的技术支持。具体来说，区块链技术在质量追溯中的应用主要体现在以下三个方面：

1）数据记录与共享：区块链可以记录产品从原材料采购，生产，加工，运输到销售等全过程的详细信息，包括时间、地点和参与者等。这些信息在区块链上以分布式账本的形式存储，保证了数据的真实性和完整性。同时，区块链的共享机制使得这些信息可以在供应链的各个环节中共享，提高了信息的透明度和可追溯性。

2）防伪与验证：区块链的不可篡改性使得伪造数据变得极为困难。因此，区块链可以用于防伪与验证，确保产品的真实性和合法性。例如，在高端制造等领域，区块链可以用于验证产品的真伪和所有权归属。

3）追责与召回：在出现质量问题时，区块链可以帮助企业快速定位问题源头并追责。通过查看区块链上的记录，可以追溯产品的生产批次和原材料供应商等信息，从而确定责任方并采取相应的召回措施。

（2）上下游追溯

上下游追溯是指对产品在其生命周期中的各个环节进行追溯。这种追溯方式可以帮助企业全面了解产品的来源和流向，从而确保产品的质量和安全。具体来说，上下游追溯在质量追溯中的作用主要体现在以下四个方面：

1）原材料追溯：通过对原材料的追溯，可以确保原材料的来源和质量符合标准。这有助于避免使用不合格的原材料导致的质量问题。

2）生产过程追溯：对生产过程的追溯可以确保生产过程中的各个环节都符合质量标准和要求。这有助于发现生产过程中的问题并及时进行改进。

3）流通环节追溯：在产品的流通环节进行追溯，可以确保产品在运输和储存等过程中的安全和质量。例如，在食品行业中，通过流通环节追溯可以确保食品在运输过程中没有受到污染或损坏。

4）销售环节追溯：对销售环节的追溯可以确保产品到达消费者手中时仍然保持其原有的质量和安全性。这有助于保护消费者的权益并提高企业的信誉。

6.2.2　可靠性管理

可靠性管理（Reliability Management）是指根据产品的特点、生产过程和使用要求，在设计、生产、测试和使用等一系列活动中，通过对产品可靠性的分析、评估和控制，最大限度地提高产品的可靠性水平，降低产品的故障率，达到提高产品质量水平和实现其可靠性目标的一系列活动。可靠性管理从系统的观点出发，通过制定和实施一系列科学的计划，去组织、控制和监督可靠性活动的开展，以保证用最少的资源实现用户所要求的产品可靠性。在产品设计、制造和使用的全过程中，实行科学的管理，对保证和提高产品的可靠性作用极大。

可靠性管理可以分为微观管理和宏观管理。可靠性的微观管理是从生产单位的角度出发，对本单位产品的可靠性实施组织、协调和保证等措施；可靠性的宏观管理是以整个行业为起点，对整个行业的可靠性工作进行统筹安排，并且对基层单位的可靠性工作予以规划和监督，由政府部门实施或协助执行。

可靠性管理是一项系统工程，包括产品可靠性管理和可靠性服务两个方面。在产品可靠性管理方面，主要内容是：

1）进行可靠性分析，制定产品的可靠性指标。

2）研究如何在设计、生产、测试和使用等环节中保证产品的可靠性。

3）利用质量保证体系和过程控制等措施，确保产品在规定的时间内可靠地工作。

4）对产品的可靠性进行评价，确定其是否达到了预期的可靠程度。

5）产品失效分析和故障诊断。

6）故障统计和故障树分析。

7）可靠性预测与评价。

8）故障分析和改进。

1. 智能系统的可靠性

智能系统的可靠性是指智能系统在规定条件下和规定时间内完成规定功能的能力。智能系统的可靠性受到多种因素的影响，包括以下五个方面：

（1）数据来源和质量

智能系统的训练和学习都依赖于大量的数据，数据来源和质量直接影响到智能系统的可靠性。如果数据来源不可靠或者数据质量有问题，那么智能系统的输出结果也会受到影响。

（2）算法和模型的稳定性

智能系统的算法和模型是实现其功能的核心。一个稳定的算法和模型可以提供具有一致性的结果，而一个不稳定的算法和模型则可能导致结果的不确定性。

（3）适应性和鲁棒性

智能系统需要在不同的环境和条件下运行，因此需要评估其在不同环境和条件下的表现，以确定其适应性和鲁棒性。

（4）硬件和软件的选择

智能系统的运行需要高性能的硬件和软件支持，此外，还需要根据系统的特点和使用场景选择合适的操作系统和网络环境。

（5）系统更新和维护

随着业务需求的变化和技术的发展，智能系统需要不断更新和维护。定期更新和维护系统可以确保系统的稳定性和可靠性。

为了提高智能系统的可靠性，可以采取以下措施：

1）严格筛选和验证数据，确保数据的准确性和完整性。

2）测试和验证算法及模型，确保其在各种情况下都能提供可靠的结果。

3）评估适应性和鲁棒性，即通过大规模的测试和实验来实现。

4）选择合适的硬件和软件，即根据系统的特点和使用场景进行选择。

5）定期更新和维护系统，包括硬件设备的维护和软件的升级。

6）建立有效的备份策略，当系统出现故障或数据丢失时，备份策略可以有效地保护系统的完整性和可用性。

2. 装备可靠性智能检测技术

装备可靠性智能检测技术以现代信息技术为基础，以装备工作状态智能检测为核心，通过信息采集、数据分析、故障诊断和故障预测等环节，实现装备可靠性的自动检测、故障定位和自动诊断。该技术能够有效提高装备可靠性分析的效率和准确率，对装备的研制、生产和维护具有重要的意义。该技术主要包括感知模块、信息处理模块和控制模块三个基本部分。

（1）感知模块

感知模块主要由传感器组成，用于采集装备在运行过程中的各种参数，如温度、压力和振动等。感知模块将采集到的物理信号转换为电信号，并传输给信息处理模块。

（2）信息处理模块

信息处理模块是智能检测技术的核心，它接收来自感知模块的信号，并进行数据处理和分析。该模块通常由计算机、单片机等设备组成，通过对采集到的数据进行处理，可以获得装备的运行状态、故障类型及故障位置等信息。

（3）控制模块

控制模块根据信息处理模块的处理结果，对装备进行必要的控制操作。例如，在发现装备存在故障时，控制模块可以自动调整装备的运行参数或触发报警系统，以确保装备的安全运行。

装备可靠性智能检测技术在多个领域都有广泛的应用，特别是在机电装备领域。由于机电装备的复杂性和重要性，采用该技术可以大大提高其监测和控制的效率。具体来说，装备可靠性智能检测技术在机电装备领域的应用包括以下四个方面。

（1）实时监测

通过传感器实时采集装备的运行数据，对装备的运行状态进行实时监测。这有助于及时发现装备的异常情况，避免故障的发生。

（2）故障诊断

通过对采集到的数据进行分析和处理，可以准确地诊断出装备的故障类型及位置。这有助于维修人员快速定位故障并进行修复，减少停机时间。

（3）预测维护

基于历史数据和当前运行状态，可以对装备的未来可靠性进行预测。这有助于制定合理的维护计划，提前进行维护操作，避免装备在关键时刻出现故障。

（4）远程控制

通过装备可靠性智能检测系统，可以实现对装备的远程控制。这有助于在远程位置对装备进行监测和控制，提高管理的便捷性和效率。

通用电气（GE）公司在装备可靠性智能检测技术方面做出了开创引领的工作。GE 公司在航空发动机叶片上安装了很多传感器，在发动机运行过程中，传感器获取的大量数据被实时地发回监测中心，通过对发动机状态的实时监控，提供及时的检查、维护和维修服务。以此为基础，GE 公司发展了"健康保障系统"。同时，大数据的获取还能极大地改进设计、仿真和控制等过程。

在我国的智能制造业中，陕鼓动力股份有限公司率先推进了装备可靠性智能检测服务制造，早在 2003 年，该公司就在产品试车台上成功应用了在线监测和故障诊断系统，并在 2005 年提出从装备制造业向装备服务业的重大转型。2011 年，陕鼓动力股份有限公司建设了包括网络化远程诊断、备件预测和零库存管理等在内的网络化诊断与服务平台，将产品监测诊断与运行服务支持集成为一体，提供了一套面向制造服务业，具有核心竞争力的智能动力装备产品全生命周期监测与服务支持系统解决方案。2014 年，陕鼓动力股份有限公司推出了动力装备运行维护与健康管理智能云服务平台项目，至此开始了动力装备智能云服务平台的新时代，目前，陕鼓动力股份有限公司已监测超过 200 家用户的 600 多套大型动力装备，已积累约 20TB 的现场数据。通过对动力装备的远程监测、故障诊断、网络化状态管理、云服务需求调研与技术储备，提高了售后服务的反应速度和质量，如图 6-6 所示。

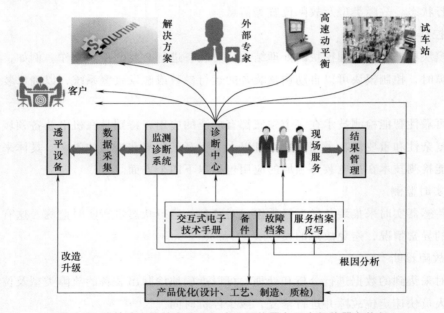

图 6-6　陕鼓动力股份有限公司企业网络服务平台智能服务构架

3. 智能系统可靠性度量方法

智能系统在运行过程中，其运行状态和功能会随着外部环境的变化而变化，所以智能系统的可靠性往往难以用传统的方法进行度量。可靠性度量是指通过一定的指标对智能系统的可靠性进行评价，以实现对其可靠性水平的判定和控制。

智能系统可靠性度量方法主要包括以下三种：

（1）传统可靠性评估方法

这种评估方法基于可靠性理论，利用概率论和数理统计等，对系统的故障概率进行计算和分析。然而，这种方法缺乏对系统复杂性和动态变化的考虑，可能无法准确评估智能系统的可靠性。

（2）基于故障树的可靠性评估方法

故障树是一种用于评估系统可靠性的重要工具，它会将系统故障拆解为故障事件，然后通过逻辑关系的组合来分析故障的发生概率。这种方法可以结合系统的拓扑结构和故障数据，更准确地评估智能系统的可靠性。

（3）基于可靠性块图的可靠性评估方法

可靠性块图是一种用于评估系统可靠性的图形化方法，它将系统拆解成多个可靠性块，然后通过块之间的关系推导出系统的可靠性。这种方法能够直观地展示系统的可靠性结构，并分析每个块的可靠性特性。

4. 可靠性管理关键技术

可靠性管理关键技术构成了可靠性管理的基础和核心，有助于企业实现产品可靠性的持续改进和提高，可靠性管理关键技术主要有以下七个方面。

（1）可靠性设计技术

可靠性设计技术主要是指可靠性预测、可靠性分析及可靠性试验。可靠性预测是指在产品设计阶段，根据产品的结构、材料和工作环境等因素，预测产品可能发生的故障类型和故障率。可靠性分析是指利用可靠性理论和方法，对产品进行故障模式和影响分析（FMEA）、故障树分析（FTA）等，以此识别产品的潜在故障点，并评估其对产品可靠性的影响。可靠性试验是指通过模拟产品在实际工作环境中的使用情况，对产品进行可靠性试验，以此验证产品的可靠性水平是否满足要求。

（2）可靠性增长技术

在产品研制的过程中，通过不断发现和纠正产品中的设计缺陷和制造缺陷，可以提高产品的可靠性水平。可靠性增长管理可制定可靠性增长计划，明确可靠性增长的目标和措施，并监控可靠性增长的过程和结果。

（3）可靠性测试技术

可靠性测试是验证产品可靠性水平的重要手段，包括加速寿命试验和环境应力筛选试验等，它通过模拟产品在实际工作环境中的应力条件，对产品进行可靠性测试，以评估产品的可靠性水平。

（4）可靠性评价技术

可靠性评价即根据可靠性测试的结果，对产品的可靠性水平进行评价和评估。常用的可靠性评价指标包括可靠度、故障率和平均无故障时间等。

（5）可靠性控制技术

在产品的制造和使用过程中，通过采用先进的制造工艺、质量控制方法和维护策略等，可以降低产品的故障率，提高产品的可靠性水平。例如，采用容错设计和冗余设计等技术，可以提高产品的容错能力和可靠性水平。

（6）可靠性信息管理技术

建立和完善可靠性信息管理系统，可以收集、整理和分析产品的可靠性数据和信息。通过可靠性信息管理，可以为产品的可靠性设计、可靠性增长、可靠性测试和可靠性评价等提供数据支持和决策依据。

（7）可靠性持续改进技术

通过对产品可靠性数据的分析和评估，可以发现产品中存在的可靠性问题和质量问题，并由此制定改进措施和计划。通过持续改进，不断提高产品的可靠性水平和质量水平。

6.3 成本与智能周期管理

在项目管理中，成本与周期管理是确保项目成功交付的两个关键因素。它们直接影响项目的投资回报、客户满意度和企业的市场竞争力。有效的成本管理可以控制预算，而智能周期管理则可以确保项目按时完成，两者相结合，可以提高项目的整体效率和效益。

6.3.1 全生命周期成本管理

全生命周期成本管理（Life Cycle Cost Management，LCCM）是一种全面评估和管理产品、项目或资产在其全生命周期中的成本的方法。它涵盖了从初始概念、设计、开发、生产、采购、运营、维护到最终处置或回收的各个阶段的成本。全生命周期成本管理的目的是识别、评估和控制成本，以提高效率，优化资源分配，降低风险，并最终实现成本效益最大化。通过这种方法，企业可以更好地理解其投资的长期财务影响，以此做出更明智的决策，并在竞争激烈的市场中保持可持续发展，图6-7所示为全生命周期系统框架。

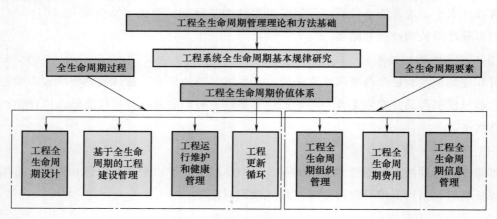

图6-7   全生命周期系统框架

1. 内容及场景

全生命周期成本管理的内容及场景主要有以下七项，不同行业和企业的具体实践可能会有所不同。

（1）产品研发与设计

在产品研发与设计阶段，全生命周期成本管理注重从长期成本效益的角度出发，评估设计方案的经济性。这包括材料选择、生产工艺和设计冗余等方面的成本考虑，以确保产品在整个生命周期内都具有较低的成本。

（2）生产制造

在生产制造阶段，全生命周期成本管理关注生产过程中的成本优化。通过引入精益生产、自动化技术和智能化技术，提高生产效率，降低生产成本。同时，实施预测性维护和预防性维护，降低设备故障率，减少维修成本。

（3）产品销售与市场推广

在产品销售与市场推广阶段，全生命周期成本管理关注产品的定价策略和市场推广成本，并基于产品的全生命周期成本分析，制定合理的定价策略，确保产品利润，同时优化市场推广策略，降低市场推广成本。

（4）产品使用与维护

在产品使用与维护阶段，全生命周期成本管理关注产品的使用成本和维修成本，通过提供优质的售后服务和技术支持，降低客户的使用成本，同时实施预测性维护和预防性维护，减少产品的维修次数和维修成本。

（5）产品报废与回收

在产品报废与回收阶段，全生命周期成本管理关注产品的回收再利用和环保成本。通过建立完善的回收体系，对废旧产品进行回收、拆解和再利用，降低资源消耗和环境污染，同时关注环保法规的要求，确保企业的环保合规性。

（6）跨部门协同管理

全生命周期成本管理需要跨部门协同工作，涉及研发、生产、销售和售后等多个部门。通过建立有效的协同机制，确保各部门在产品开发、生产和销售等各个环节都能够充分考虑全生命周期成本，实现整体成本的最优化。

（7）持续改进与优化

全生命周期成本管理是一个持续改进和优化的过程。通过对产品全生命周期成本的持续监控和分析，可以发现成本超支和浪费的环节，由此提出改进措施和优化方案，不断提高产品的成本效益和企业的市场竞争力。

2. 绿色成本管理

绿色企业是指在经营理念和行动上全面贯彻绿色可持续发展理念，表现出良好的资源和环境绩效，能够有效控制和减少对外部资源和环境的消耗，避免对生态环境造成显著或潜在的重大威胁，并且能够通过其生产活动促进资源环境生产率的持续提升，从而带动外部资源和环境状况的改善和进步的企业。绿色企业通过其负责任的行为和持续的创新，为实现经济发展与环境保护的双赢目标做出积极贡献，绿色企业发展理念如图 6-8 所示。

绿色成本管理是一种综合考虑环境可持续性与成本效益的管理方法。它不仅关注管理成

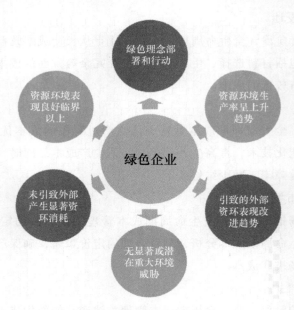

图 6-8　绿色企业发展理念

本的降低，还强调在产品或服务的整个生命周期中减少对环境的负面影响。以下是绿色成本管理的三个关键方面：

（1）能源效率

能源效率是指在生产和日常活动中以更少的能源消耗获得相同或更多的产出。它对于经济、环境和社会的可持续发展具有重要意义，以下是对能源效率的三点概括：

1）经济效益与成本节约。能源效率的提高可以为企业和消费者带来直接的经济效益。通过使用更少的能源来完成相同的工作，企业和家庭能够显著降低能源成本。这种成本节约可以转化为更高的利润、更低的产品价格或更多的可支配收入。此外，能源效率的提高还可以减少对能源供应的依赖，降低价格波动的风险，从而提高经济稳定性。

2）环境效益与气候变化缓解。减少能源消耗意味着减少化石燃料的使用，这直接导致了温室气体排放的减少，有助于减缓全球气候变化的速度。同时，能源效率的提升还能降低空气污染物的排放，改善空气质量，从而减少对人类健康和自然生态系统的负面影响。此外，能源效率的提高还能减少对自然资源的开发压力，有助于保护生态系统和生物多样性。

3）社会效益与技术进步。能源效率的提高可以带来社会效益，促进社会公平和包容性发展。通过提供更高效的能源服务，可以改善低收入家庭和社区的生活质量，减少能源贫困。此外，能源效率的提升还能促进就业和经济增长，尤其是在新能源和节能技术领域。随着技术的进步，如智能电网、节能建筑材料和高效家电等的发展，能源效率的潜力将进一步被挖掘，并为社会带来更广泛的利益。同时，相关政策的支持和国际合作也将为能源效率的提升提供动力。

在实践中，提高能源效率需要多方面的努力，包括技术创新、政策制定、市场激励、公众教育和社会参与。通过这些综合措施的实行，能源效率的提升将为全球经济的绿色转型和可持续发展提供强有力的支持。

（2）废物管理

废物管理是现代社会环境治理和可持续发展战略中不可或缺的一部分。它涉及从废物产生、收集、运输、处理到最终处置的全过程，旨在减少废物对环境的影响，同时实现资源的最大化利用，图 6-9 为废物管理。

图 6-9　废物管理

以下是对废物管理的相关描述，概括为三点：

1）环境保护与资源循环利用：有效的废物管理对于保护环境至关重要。特别是有害废物，如果未经妥善处理，会对土壤、水体和空气造成严重污染。例如，电子废物中含有重金属，如果不当处理，会渗入土壤和水体，对人类健康和生态系统构成威胁。通过实施严格的废物分类、收集和处理程序，可以减少这些污染物的排放。

资源循环利用是废物管理的核心目标之一。通过回收和再利用废物中的有价值材料，可以减少对新资源的需求，节约能源，降低生产成本。例如，回收废纸可以减少对森林资源的砍伐，回收金属可以减少对矿产资源的开采。此外，有机废物的堆肥化处理不仅减少了垃圾填埋量，还能生产出优质的有机肥料，提升土壤肥力，促进农业可持续发展。

2）公共健康与社会福祉：废物管理对于保障公共健康和社会福祉同样至关重要。废物中可能含有病原体、有毒化学物质和其他有害物质，如果未经安全处理，可能会通过空气、水和食物链进入人体，导致各种疾病。因此，通过安全的废物收集和处理，可以防止这些有害物质对人类健康的威胁。此外，废物管理还与城市卫生和生活质量密切相关。城市垃圾的堆积不仅影响市容市貌，还可能成为疾病传播的温床。通过建立高效的废物收集和处理系统，可以保持城市的清洁和卫生，提高居民的生活质量。

3）经济效益与技术创新：废物管理也是一个重要的经济活动领域。通过回收和再利用废物，可以创造新的经济价值和就业机会。回收业已经成为许多国家的重要产业，为社会提供了大量的工作岗位。此外，回收材料的成本通常低于开采和加工新原材料，因此，废物回收和再利用对于降低生产成本，提高经济效益具有重要意义。技术创新在废物管理中发挥着关键作用。随着科技的发展，新的废物处理技术不断涌现，如废物转化能源（WTE）技术、生物降解材料、高效的机械和生物回收技术等。这些技术的应用不仅提高了废物处理的效率，降低了成本，还有助于开发新的资源和产品。例如，WTE 技术可以将市政垃圾转化为电能和热能，为城市提供清洁能源。

（3）绿色营销及员工培训

1）绿色营销：绿色营销是一种将环保理念融入产品开发、促销和分销的营销方式。它不仅关注产品的生命周期，还强调企业对环境责任的承担，绿色营销的实施包括四项内容。

① 产品创新。开发环保产品，减少对环境的影响，如使用可再生材料，降低能耗，提高产品的可回收性。

② 市场定位。针对环保意识强的消费者群体，强调产品的绿色属性，如节能、低碳和有机等。

③ 沟通策略。通过透明的沟通和教育活动，建立起消费者对绿色产品的信任，如生态标签、绿色认证等。

④ 供应链管理。确保整个供应链的可持续性，从原材料采购到产品分销，都遵循环保原则。

2）员工培训：员工是企业可持续发展战略的执行者，因此，提升员工的绿色技能和环保意识至关重要，员工培训应包括四项内容。

① 环保知识。使员工了解环境问题的严重性，如气候变化、资源枯竭和生态系统破坏等。

② 操作技能。使员工掌握节能减排的具体操作方法，如使用节能设备，优化生产流程，减少废物产生等。

③ 法规遵守。确保员工了解并遵守相关的环保法规和标准，以避免法律风险和声誉损失。

④ 行为改变。鼓励员工在工作和生活中采取环保行为，如节约用水、使用公共交通等。

3）企业文化：企业文化是推动绿色营销及员工培训的内在动力。以绿色价值观为核心的企业文化可以从以下四个方面实现。

① 领导力。管理者应通过自身行为示范环保理念，如减少商务出行、采用绿色办公等。

② 激励机制。通过奖励那些在环保方面表现突出的员工，激发员工的环保热情，如提供绿色奖金、表彰等。

③ 内部沟通。通过定期会议、简报和培训，加强员工对企业绿色决策和实践的了解和认同。

④ 社区参与。鼓励员工参与社区环保活动，如植树、清洁河流等。

　　绿色营销、员工培训和企业文化的结合，为企业带来了多方面的益处，包括提升品牌形象、增强市场竞争力、促进员工的环保行为、提高企业的社会责任绩效等。随着全球对可持续发展的重视，这些策略将在未来发挥更加重要的作用。企业需要不断完善和创新其绿色营销策略和培训体系，以适应不断变化的市场需求和市场环境。

　　在实施这些策略时，企业应考虑其行业特点、市场定位和企业文化，制定符合自身实际情况的可持续发展计划。同时，企业还应开展多方合作，共同推动绿色经济的发展。

3. 虚拟化数字企业与成本仿真

　　虚拟化数字企业（Virtual Enterprise）是一种新兴的组织形式，它通过信息技术，将不同地理位置的企业或部门连接起来，形成一个临时性的、目标导向的联盟。这种模式的核心在于其灵活性和动态性，能够迅速响应市场变化，集合各方资源，高效地完成特定的市场任务。虚拟化数字企业的出现，是为了应对全球化竞争和快速变化的市场需求，它通过数字化手段打破了传统企业的地理和组织界限，实现了资源的最优配置和协同工作，图 6-10 所示为虚拟化数字企业的示意图。

图 6-10　虚拟化数字企业的示意图

　　在虚拟化数字企业中，成本管理是一个至关重要的环节。它不仅涉及项目预算的制定和成本控制，还包括风险评估、价值创造和战略决策等多个方面。成本仿真作为成本管理的一个重要工具，通过构建计算机模型来模拟项目的成本流程，预测不同决策对成本的影响，从而帮助管理者做出更加科学和合理的决策。成本仿真的运用，使得企业能够在项目实施前，对各种成本因素进行量化分析，优化成本结构，提高成本效益。

　　虚拟化数字企业的成本管理研究，近年来得到了学术界和工业界的广泛关注。虚拟化数字企业的成本管理，不仅需要先进的技术和工具，还需要一套完善的管理体系和企业文化。

企业需要建立一个以数据为中心的决策机制，确保所有决策都基于准确的数据分析和预测。同时，企业还需要培养员工的数据意识和分析能力，使他们能够充分利用虚拟化工具和平台，提高工作效率和创新能力。此外，企业还需要建立一种开放和协作的企业文化，鼓励员工分享知识、经验和最佳实践，形成一种持续学习和改进的氛围。

在实施虚拟化数字企业的成本管理时，企业需要关注以下七个关键领域：

（1）技术基础设施

建立稳定、安全的技术基础设施，以支持数据实时共享和远程协作。

（2）人才培养

投资于员工的数字技能培训，确保他们能够有效使用虚拟化工具和平台。

（3）流程优化

优化内部流程，确保虚拟团队能够高效协作，减少沟通成本和时间延误。

（4）风险管理

建立风险管理机制，识别和缓解虚拟化运营中可能出现的风险，如数据安全风险、知识产权风险等。

（5）持续创新

鼓励创新思维，不断探索新的虚拟化技术和成本管理方法，以适应不断变化的市场环境。

（6）合作伙伴关系

建立和维护与供应商、客户和其他合作伙伴的紧密关系，确保各方的利益和目标一致，形成协同效应。

（7）社会责任

在追求经济效益的同时，企业还应承担社会责任，关注环境保护和可持续发展，以此提高企业的社会形象和品牌价值。

通过这些措施，企业可以更好地利用虚拟化数字企业和成本仿真工具，提高项目管理的效率和成本效益，从而在竞争激烈的市场中获得优势。随着信息技术的不断发展和应用，虚拟化数字企业将成为企业运营的重要模式，成本仿真也将成为成本管理的重要工具。企业需要不断地学习和适应，以充分利用这些新兴技术和方法，实现可持续发展。

6.3.2　智能工期管理

1. 装备型企业的生产计划优化

在当今竞争激烈的市场环境中，装备型企业必须致力于提高生产效率和产品质量，以满足客户需求并保持竞争优势。生产计划优化是实现这一目标的关键。装备型企业的行业特点如图 6-11 所示，当今的装备型企业具有产品多领域应用、资金密集、多技术融合、技术人才供不应求、技术更新速度快、产品需求定制化的行业特点，本节将深入探讨装备型企业的生产计划优化，分析其背后的挑战和解决方案，以及智能工期管理在此过程中的应用。

装备型企业的生产计划优化是一项复杂而至关重要的任务，它直接影响着企业的生产效率、资源利用率以及市场竞争力。在当前的市场环境下，装备型企业必须不断优化自身的生产计划，以适应市场的变化和客户的需求，这一过程涉及多个方面的考量和决策，从内部资源管理到外部市场需求预测，再到生产过程中的实时调整和优化。以下为装备型企业的生产计划优化过程。

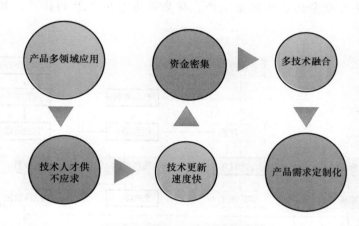

图 6-11　装备型企业的行业特点

1）企业可以采用先进的生产管理系统，通过数据分析和预测技术来优化生产计划。这些系统可以帮助企业更准确地预测市场需求，优化生产计划，降低生产成本。同时，它们还可以帮助企业更好地管理供应链，确保原材料的及时供应和产品的及时交付。

2）企业可以通过优化生产流程和提高生产效率来优化生产计划。例如优化设备布局、改进生产工艺和提高员工技能等措施都可以有效地提高生产效率，缩短生产周期，降低生产成本。

3）企业还可以通过加强与客户和供应商的沟通与合作来优化生产计划。与客户沟通可以及时了解客户需求，并根据客户需求调整生产计划；与供应商合作可以确保原材料的及时供应，避免因原材料短缺而影响生产计划的执行。

4）企业需要建立完善的绩效评估体系，对生产计划的执行情况进行定期监测和评估，及时发现问题并采取措施加以解决。只有不断进行生产计划优化的评估和反馈，企业才能保持竞争优势，实现可持续发展。

装备型企业的生产计划优化是一个复杂而关键的过程，需要综合考虑内外部因素的影响，并采取一系列的有效措施。只有通过科学的规划和有效的执行，企业才能在激烈的市场竞争中立于不败之地，实现可持续发展。

2. 高级计划调度系统

（1）高级计划调度系统的概念

高级计划调度系统是一种利用先进的算法和技术来优化生产计划的软件系统。它通过整合企业内部的生产资源和外部的市场需求，以及考虑各种限制和约束条件，帮助企业实现生产计划的智能化管理。与传统的手工编制生产计划相比，高级计划调度系统具有更高的精度和效率，能够更好地适应市场的变化和客户的需求。

（2）高级计划调度系统的排产

对于项目制造而言，要考虑有限能力的项目排产，从整体上管理生产的进度。对于量产产品而言，无论是大批量还是小批量生产，首先要进行生产计划排产，其流程如图 6-12 所示。

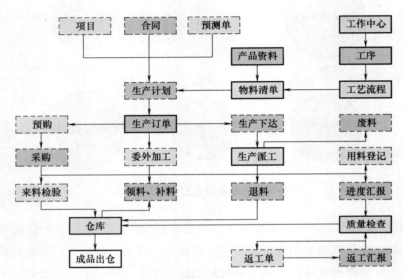

图 6-12　生产计划排产流程图

1）通过生产计划排产（APS）系统录入基础资料，或者通过 MES、ERP 系统的 API 导入基础资料，比如工作中心、车间、生产线、设备、人力、模具、日历、班次和工作时间等。

2）在基础资料导入并设置好之后，就需要通过 APS 系统录入或者同步导入 MES、ERP 系统中的销售订单、生产工单、仓库库存、BOM、制程、工艺路线和采购订单等关联数据。销售订单包含物料、数量和交货日期；生产工单包含物料、数量、开始时间和结束时间等。

3）一键自动化排产：在基础资料和业务单据数据导入并设置好之后，APS 系统就可以根据系统设置，通过 APS 引擎中的遗传算法、人工神经网络算法和 APS 系统独特的拆单换线均衡算法、需求滚动排产算法和物料齐套算法等排产算法，自动排出订单交货计划表、采购需求计划表、生产工单计划表、生产工序计划表和设备资源使用计划表等。

4）计划排产结果出来后，APS 系统可以导出 Excel 格式的排产结果，或通过一键确认功能自动通过 API 将结果同步到 ERP、MES、WMS 和 PLM 等系统。该系统能够自动写入订单交货日期，创建采购申请单，更新工单的开工日期和完工日期，并生成工单的投料计划、生产派工计划和入库计划等。

5）APS 系统能够提供多种甘特图，使排产结果直观呈现，包括设备资源、订单、工单、产能负荷和库存等甘特图。通过这些甘特图，可以清晰地了解计划数据。

3. 工序优化

（1）工序优化的意义

制造工艺的工序优化和改进是装备型企业在生产过程中的关键环节之一，它直接影响着产品质量、生产效率和成本控制。在制造工艺中，工序的优化和改进可以帮助企业提高生产效率，降低生产成本，同时提升产品质量，增强企业的创新能力。工序优化是指对生产工艺中的各个环节进行精细化管理和持续改进，以达到提高生产效率和产品质量的目的。在装备型企业的生产过程中，通常存在多个工序，每个工序都对最终产品的质量和性能有着重要的影响。因此，通过优化和改进工序，可以实现以下重要目标：

1）提高生产效率。通过工序优化，企业可以缩短产品的生产周期，减少生产中的等待时间和浪费，从而提高生产效率，实现更快交付产品的目标。

2）降低生产成本。工序优化可以降低生产过程中的能耗、原材料消耗和人力成本，从而降低生产成本，提高企业的盈利能力。

3）提升产品质量。工序优化可以减少生产中的缺陷和错误，提高产品的一致性和稳定性，从而提升产品质量，增强产品的市场竞争力。

4）增强企业创新能力。工序优化是企业持续改进的重要组成部分，通过不断地改进工序，企业可以积累更多的经验和技术，增强自身的创新能力，保持竞争优势。

（2）工序优化的方法和策略

通过合理的方法和策略，企业可以对生产工序进行精细化管理和持续改进，从而实现生产过程的优化和提升，工序优化的过程如图 6-13 所示。

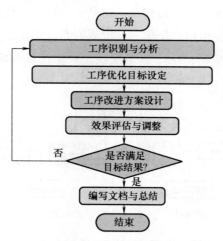

图 6-13　工序优化的过程

在工序优化的过程中，价值流映射（Value Stream Mapping，VSM）是一种被广泛采用的方法，它被用来绘制当前状态和未来状态的价值流程图，以便识别和改进生产过程中的瓶颈和浪费。通过价值流映射，企业能够全面了解生产过程中的问题，并制定出有效的改进计划。价值流映射是精益思维的核心工具之一，它不仅是一张图表，更是对企业生产过程的深入分析，能够帮助企业管理者发现并消除生产中的浪费，实现生产过程的优化。价值流映射的关键是绘制出生产过程的完整地图，从原材料采购到产品交付，明确每个环节的价值和非价值活动。在此基础上，识别出存在的问题和改进机会，并制定相应的改进计划。通过持续的改进和优化，企业能够不断提高生产效率和产品质量，实现持续增长和发展。

另一方面，精益生产（Lean Manufacturing）作为一种以减少浪费，提高价值流动性和灵活性为目标的生产管理方法，也被广泛应用于工序优化中。精益生产强调以客户为中心，不断改进和学习，实现生产过程的高效化和优化。精益生产的核心原则包括价值观念、流程流畅、拉动生产和持续改进。在工序优化中，企业可以通过应用精益生产的原则和工具，如5S、Kaizen等，来优化生产流程，提高生产效率和产品质量。通过精益生产的方法，企业能够实现生产过程的持续改进，不断提高竞争力和市场份额。

随着物联网、人工智能等新兴技术的发展，自动化和智能化技术正在逐渐改变传统的生产方式，这为企业实现工序优化提供了新的机遇。通过引入自动化设备和智能制造系统，企业能够实现生产过程的自动化和智能化，提高生产效率和产品质量。自动化和智能化技术的应用不仅能够降低生产成本，还能够提高生产灵活性和响应能力，帮助企业应对市场的快速变化和不确定性。

（3）工序优化的智能规划

工序优化的智能规划是当今装备型企业在提高生产效率，降低成本，优化资源利用以及提升产品质量方面的关键策略之一。它代表了现代智能化生产管理的最新趋势，旨在通过智能算法和技术，对生产过程中的各个环节进行细致的优化和智能化规划。在此过程中，加工工艺数据的分析和挖掘起着至关重要的作用。这是一个反复迭代的人机交互处理过程，涉及多个步骤，其中很多决策需要由用户提供。从宏观上看，加工工艺数据的处理过程主要包括工艺数据准备、数据抽取、数据清洗、数据变换、数据挖掘和解释评估等部分，如图6-14所示。

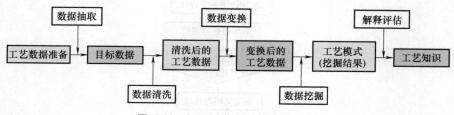

图 6-14　加工工艺数据的处理过程

1）工艺数据准备：工艺数据准备是进行工艺数据处理的基础步骤。其目的是从原始工艺数据库中抽取、清洗、变换和挖掘有效的工艺数据和知识。

2）数据抽取：数据抽取的目的是确定目标数据，它根据工艺知识发现的需要，从原始工艺数据库中选取相关数据和样本。此过程将利用一些数据库操作对工艺数据库进行相关处理。如典型工艺路线的发现，需要从原始工艺数据库中选取与工艺路线相关的数据形成目标数据库。

3）数据清洗：数据清洗即对目标工艺数据库进行再处理，检查工艺数据的完整性及一致性，滤除与数据挖掘无关的冗余数据。针对工艺数据的预处理，需要规范化和标准化工艺信息。工艺信息的标准化是指从工艺数据的角度对工艺术语、工艺内容、工艺参数和工艺资源等静态术语、符号、参数进行规范，从而保证数据的一致性。

4）数据变换：数据变换即根据工艺知识发现的任务，对已预处理的工艺数据进行再处理，主要是通过投影或利用数据库的其他操作减少数据量。如通过数据查询查到相同的数据，再利用数据库的删除操作清理相同的数据，只保留其中的一个数据记录。

5）数据挖掘：这是整个工艺计划知识发现与数据挖掘（Process Planning Knowledge Discovery and Data Mining，PPKDD）过程中很重要的步骤，其目的是运用所选算法从工艺数据库中提取用户感兴趣的知识，并以一定的方式表示出来。

6）解释评估：这是指对数据挖掘结果和知识进行解释，并经过用户评估将发现的冗余或无关的工艺知识剔除。如果工艺知识不能满足用户要求，就要返回到前面的某些步骤反复提取。将发现的工艺知识以用户能了解的方式呈现，包括对工艺知识进行可视化处理，也包含确定本次发现的工艺知识与以前发现的工艺知识是否抵触。

总体来说，工序优化的智能规划是一种高效的生产管理方法，它能够帮助企业实现生产过程的自动化和智能化，提高生产效率和产品质量，降低生产成本，提升市场竞争力。然而，要实现工序优化的智能规划，企业需要投入大量的技术和人力资源，并不断进行技术创新和实践探索，才能取得长期的成功。

4. 生产与物流的联合优化

生产与物流的联合优化是当今装备型企业的一项重要策略，旨在最大化整体供应链的效率与效益。它基于协调和优化生产与物流系统，以此实现资源的高效配置，运作效率的提升，成本的降低，并最终实现供应链的优化。这一方法强调生产与物流之间的密切衔接和协同作用，以应对市场的快速变化和需求的多样化。生产与物流的联合优化涉及多个方面的内容，包括信息共享与协同、生产与物流过程衔接、资源整合与共享，以及供应链整体优化等。

在生产与物流的联合优化中，信息共享与协同是至关重要的，通过建立统一的信息平台，将生产计划、库存信息和订单信息等相关数据实时共享给物流系统，实现生产与物流系统之间的信息互通和协同作业。这样一来，企业可以更加准确地把握市场需求和生产情况，及时调整生产计划和物流配送计划，以适应市场变化，提高反应速度和准确度。生产与物流过程的衔接是生产与物流的联合优化的核心内容之一。企业需要通过优化生产计划与物流配送计划，确保生产与物流活动之间的协调一致。例如，在生产计划编制阶段就要考虑物流配送的时间和路线，以避免因生产和物流之间不匹配而导致的浪费和成本增加。此外，采用一体化的生产物流系统，将生产进度和物流信息相互关联，可实现生产计划与物流配送的紧密衔接，提高资源利用效率和运营效率。资源整合与共享是生产与物流的联合优化的另一个重要方面。企业可以通过合理规划生产和物流资源的使用，实现资源的最大化利用和共享。例如，通过合理安排生产车间和仓库的布局，减少物料搬运和库存占用，提高资源利用效率。此外，采用共享的生产物流平台，可以在多个生产环节之间实现信息流、物流和资金流的无缝衔接，实现资源的最优配置和最大化利用。

最后，生产与物流的联合优化需要实现对供应链的整体优化。企业应该从供应链的整体角度出发，优化供应链中的各个环节，包括供应商管理、生产计划、库存管理和物流配送等，从而实现供应链的高效运作和持续优化。通过建立供应链的协同机制和共享平台，实现供应链各个环节之间的信息共享、资源共享和风险共担，提高供应链的整体韧性和竞争力。

生产与物流的联合优化是一种综合性的管理方法，可对企业的生产与物流系统进行整体优化和协同，能够有效提高企业的运营效率，降低成本，增强竞争力，是装备型企业在当前的市场竞争中保持领先地位的重要手段。

6.4　智能维护与设备管理

智能工厂通过深度集成物联网、大数据和云计算等前沿技术，实现了从自动化到柔性化，再到智能化的跨越式发展。这种变革不仅推动了生产方式的创新，也极大地提升了企业的竞争力和市场响应速度。在智能工厂中，智能维护与设备管理无疑是支撑整个系统高效运行的核心环节。

6.4.1　智能维护

1. 智能维护的基本概念

智能维护是指通过传感器、监控系统和数据分析等设备和技术手段，实现设备的远程监控、故障诊断和预测维护等功能。智能维护可以及时发现并解决设备故障，减少停机时间和生产损失。它通过对设备的实时监测和数据分析，预测设备可能出现的故障，并提前进行维护，从而避免了由于设备故障导致的生产中断。同时，智能维护还可以通过故障分析和数据挖掘，提供设备的运行状态和维护建议，帮助企业优化设备维护方案，降低维护成本。

在智能工厂中，智能维护还可以通过与供应链管理系统的集成，实现设备维护和备件的自动订购和供应。当设备发生故障时，智能维护系统可以自动触发备件的订购，并将备件送至设备维修现场，实现快速维修和恢复生产。这种自动化的供应链管理可以大大提高维护的效率和响应的速度，缩短因备件缺口导致的停机时间。

2. 智能维护的特点

智能维护与故障诊断有着密不可分的联系，其很多技术起源于故障诊断，但二者之间又有很多区别。在传统的诊断维修领域，大部分的技术开发与应用集中在信号及数据处理、智能算法研究（人工神经网络、遗传算法等）及远程监控技术（以数据传输为主），这些技术的基础理念是被动的维修模式，对产品和设备的使用者而言，维修的要求是及时修复。而智能维护是一种基于主动维护模式的方法，其重点在于信息分析、性能衰退过程预测、维护优化以及按需监测的信息传输技术的开发与应用。通过智能维护，产品和设备的维护体现了预防性要求，旨在实现近乎于零的故障率，超越传统维修方法。智能维护方法与传统维修方法的对比如图 6-15 所示。故障诊断技术在设备和产品的维修中虽然也发挥着重要的作用，但由于工业界对预防性维护技术的需求，故障诊断领域的研究重点已逐步转向状态监测、故障早期诊断和预测性维修领域，这为智能维护技术的实现打下了扎实的基础，目前故障诊断研究已经趋向于智能维护领域的初级阶段。

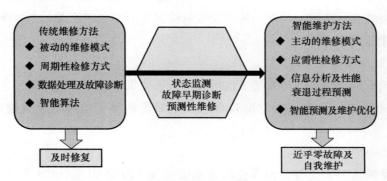

图 6-15　智能维护方法与传统维修方法的对比

智能维护具有以下特点。

（1）实时性

智能维护系统能够实时收集设备的运行状态数据，实现设备的实时监控和预警。

（2）预测性

通过数据分析和机器学习算法，智能维护系统能够预测设备可能发生的故障，并提前进行维护，避免设备停机。

（3）预防性

智能维护系统能够基于历史数据和当前运行状态，制定预防性维护计划，降低设备故障率。

（4）高效性

智能维护系统能够自动执行维护任务，提高维护效率，减少人工干预。

3. 智能维护的技术支撑

智能维护的技术支撑主要包括以下八个方面。

（1）数据收集与传感器技术

智能维护需要通过各种传感器收集设备在运行过程中的实时数据，如温度、压力、振动和电流等。数据收集要求准确、可靠，并能覆盖设备的各个关键部位和运行状态。

（2）数据处理与分析

智能维护需要对收集到的数据进行清洗、整理、转换和存储，以便形成结构化的数据集合，然后利用数据分析技术（如统计分析、机器学习、深度学习等）对设备状态进行监测和评估，提取数据中的有用信息，识别设备运行的异常模式或潜在故障。

（3）预测性维护

智能维护需要基于历史数据和实时数据分析，预测设备的剩余寿命及故障发生的可能性和时间，并根据预测结果制定针对性的维护计划，提前安排维修或更换零部件，避免设备故障导致的生产中断。

（4）故障诊断与定位

智能维护需要利用先进的故障诊断技术（如模式识别、专家系统、人工神经网络等）对设备故障进行快速且准确的诊断，精准定位故障发生的部位和原因，为维修人员提供详细的故障信息和维修建议。

（5）决策支持系统

智能维护需要构建决策支持系统，根据数据分析结果和故障诊断结果，为管理者提供维护决策建议。决策支持系统可以辅助管理者制定最优的维护策略，平衡维护成本和设备性能。

（6）系统集成与互操作性

智能维护系统需要实现与企业其他信息系统（如 ERP、MES、SCM 等）的集成，实现数据共享和业务协同。确保智能维护系统与其他设备和系统的互操作性，提高整个系统的运行效率和稳定性。

（7）安全性与可靠性

智能维护系统需要确保自身的数据安全和系统稳定性，防止数据泄露和系统崩溃，并对系统进行定期的安全检查和漏洞修复。

（8）持续优化与改进

智能维护系统需要不断收集和分析自身的运行数据，识别系统中的瓶颈和不足，并根据分析结果进行优化和改进，提高智能维护系统的性能和效率。

4. 智能维护的实施步骤

智能维护的实施步骤可能因具体的应用场景和需求而有所不同，但常见步骤如下。

1）设备检查：对需要维护的设备进行全面的检查，包括设备的物理状态、运行状况和连接情况等，检查设备是否受到物理损坏或者有杂物影响其正常运行，是否存在异常噪声或异味。

2）数据收集：通过传感器、监控设备或其他技术手段，连续收集设备的运行数据。这些数据可能包括设备的温度、压力、振动和电流等。

3）数据分析：对收集到的数据进行分析，以识别设备可能存在的潜在故障或问题。这可能需要使用各种数据分析技术和工具，如机器学习和统计分析等。

4）预测性维护：基于数据分析的结果，对设备可能发生的故障进行预测，并制定相应的维护计划。这包括确定维护的时间、内容和方式等。

5）维护执行：按照维护计划，对设备进行维护。这可能包括更换零部件、调整设备参数和清洁设备等。在维护过程中，应确保使用的工具、备件和清洁剂等都是符合设备要求的。

6）效果评估：对维护后的设备进行评估，以确保设备已经恢复正常运行，并且维护的效果达到预期。这可能需要再次收集设备的运行数据，并与之前的数据进行对比分析。

7）记录与反馈：将维护的过程和结果记录在案，以便后续参考和查询。同时，将维护过程中的问题和经验反馈给相关部门或人员，以便改进和优化维护流程。

此外，智能维护还包括一些其他的方面，如设备的远程监控、故障预警和智能调度等，这些都需要借助先进的信息技术和人工智能技术来实现。

6.4.2　设备管理

1. 设备管理的基本概念

设备管理在工业自动化和智能化领域扮演着重要的角色，是项目管理的核心业务之一。设备管理以设备为研究对象，追求设备的综合效率，它应用一系列理论和方法，通过一系列技术、经济和组织措施，对设备的物质运动和价值运动进行全过程的科学管理，其主要任务包括提高工厂技术设备素质，充分发挥设备效能，保障工厂设备完好以及取得良好的设备投资效益。相较于传统的管理方式，设备管理可以降低运营成本，提高资产可用性和运营效率，优化资源，提高安全性，使设备生命周期内的费用/效益比（即费效比）达到最佳的程度，即实现设备资产综合效益最大化。

在智能工厂中，设备管理不仅包括对设备的维护和保养，还包括设备的调度、监控和优化。通过设备管理，可以确保设备的正常运行和高效利用，进而提高整个工厂的生产效率和产品质量。智能工厂中的设备管理可以通过建立设备档案和设备维护计划来实现，设备档案包括设备的基本信息、技术参数和维护记录等内容，设备维护计划则应根据设备的运行情况和维护需求制定，智能工厂设备管理如图 6-16 所示。

2. 设备管理的特点

智能工厂中设备管理的特点主要有：

（1）高度集成化和智能化

设备管理通过集成各种先进技术，实现设备的智能化管理和控制。这些技术使得设备能够实时收集和传输数据，进行自主分析和决策，从而提高设备的运行效率和管理水平。

（2）实时性和动态性

设备管理具有实时性和动态性的特点。通过实时监控设备的运行状态、性能参数等，系统能够及时发现并处理设备故障，减少生产中断的风险。同时，系统还能够根据市场需求和生产计划动态调整设备的运行参数和生产计划，实现生产过程的灵活性和适应性。

（3）预测性和预防性维护

设备管理采用预测性和预防性维护策略，通过收集和分析设备的运行数据，预测设备的

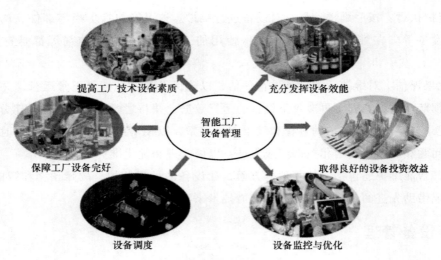

图 6-16   智能工厂设备管理

故障趋势，进而提前维护和更换，避免设备故障对生产造成的影响。这种维护策略能够降低设备的维护成本，提高设备的可靠性和使用寿命。

（4）优化生产计划和调度

设备管理能够与生产计划和调度系统紧密集成，并根据市场需求、设备状态和生产进度等因素，自动调整和优化生产计划和调度方案。这能够确保生产过程的连续性和稳定性，提高生产效率和产品质量。

（5）自组织和超柔性

设备管理具备自组织和超柔性的特点。系统中的各个部分能够根据工作任务的需要，自动完成特定的工作，实现设备的自组织管理和优化。同时，系统还能够根据生产需求的变化，快速调整设备的配置和布局，实现生产过程的超柔性。

（6）安全性和可靠性

设备管理注重设备的安全性和可靠性，通过采用先进的安全技术和防护措施，确保设备在运行过程中的安全和稳定。同时，系统还能够对设备的运行状态进行实时监控和预警，以便及时发现和处理潜在的安全隐患。

3. 设备管理的技术支撑

设备管理的技术支撑主要包括以下六个方面：

（1）物联网技术

物联网技术是实现设备互联互通的基础，通过传感器、RFID 标签和无线通信等技术，将设备连接到互联网，可以实现数据的实时采集和传输。这为设备的远程监控、故障诊断和维护管理提供了可能。

（2）云计算和大数据技术

云计算技术提供了强大的计算能力和存储能力，使得设备管理数据可以集中存储和处理。大数据技术则可以对这些海量数据进行深度分析，挖掘出有价值的信息，为设备优化和预测性维护等提供决策支持。

（3）人工智能和机器学习技术

人工智能和机器学习技术可以在设备管理中实现智能化决策和自动化操作。例如，通过机器学习算法对设备运行数据进行分析，可以预测设备的故障趋势，提前进行维护；通过人工智能技术对设备操作进行优化，可以提高设备的运行效率。

（4）自动化和机器人技术

自动化和机器人技术可以实现设备的自动化操作和无人值守，降低人力成本，提高生产效率。同时，机器人技术还可以用于设备的巡检和维护等工作，提高维护效率和质量。

（5）虚拟现实（VR）和增强现实（AR）技术

VR 和 AR 技术可以为设备管理和维护提供可视化支持。例如，通过 VR 技术可以模拟设备的运行环境和操作过程，帮助操作人员更好地了解设备的工作原理和操作方法；通过 AR 技术可以将设备的维护指南、故障诊断等信息直接呈现给操作人员，以此提高维护效率和质量。

（6）专门的设备管理系统

这些系统能够实时监控设备的运行状态、能耗和温度等参数，并提前预警潜在故障，减少宕机风险。同时，系统也可以支持设备的生命周期管理，包括采购、上架、维护、下架和报废等全流程管理，有效提高设备管理的效率和准确性。

4. 设备管理的实施步骤

设备管理的实施步骤如图 6-17 所示。

（1）需求分析

明确设备管理的目标和需求，例如提高设备效率、降低维护成本、增强设备可靠性等，并对现有设备进行全面评估，识别设备使用与管理过程中存在的问题和潜在的风险。

（2）系统设计

设计设备管理系统的整体架构，包括硬件、软件和网络等方面的规划，并结合实际使用环境的需求，确定系统所需的功能模块，如实时监控、数据分析、故障预警和维护管理等。

（3）技术选型

选择适合工厂实际情况的技术方案，包括物联网、云计算、大数据和人工智能等，并结合智能集成制造工厂的管理需求，评估不同技术方案的优缺点，选择最适合的技术组合。

（4）系统开发与部署

开发设备管理系统的各个功能模块，包括数据采集、处理、存储和展示等，将系统部署到工厂现场，与设备进行连接和调试。

（5）数据集成与融合

整合工厂内各种设备和系统的数据，实现数据的统一管理和共享，对数据进行清洗、整合和融合，形成有价值的信息和知识。

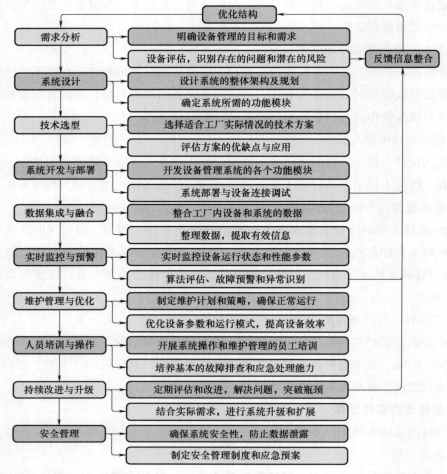

图 6-17　设备管理的实施步骤

（6）实时监控与预警

通过系统实时监控设备的运行状态和性能参数，利用算法模型对设备的运行数据进行分析，实现故障预警和异常识别。

（7）维护管理与优化

制定设备的维护计划和保养策略，确保设备正常运行，利用数据分析的结果来优化设备参数和运行模式，提高设备效率。

（8）人员培训与操作

对工厂员工进行系统操作和维护管理方面的培训，确保员工能够熟练使用系统，并具备基本的故障排查和应急处理能力。

（9）持续改进与升级

定期对设备管理系统进行评估和改进，解决存在的问题，突破瓶颈，并根据工厂的发展需求和技术进步，对系统进行升级和扩展。

（10）安全管理

确保设备管理系统的安全性，防止数据泄露和系统被攻击，制定安全管理制度和应急预案，确保在发生安全事件时能够迅速响应和处理。

通过以上步骤的实施，智能集成制造工厂可以建立起一套高效、智能的设备管理系统，实现设备的实时监控、预警、维护和管理，提高设备的运行效率和管理水平，为工厂的数字化转型和智能制造奠定坚实基础。

思 考 题

1. 智能质量管理系统的核心特点是什么？
2. 智能质量检测技术的主要特点是什么？
3. 装备可靠性智能检测技术的实现步骤是什么？
4. 请简述全生命周期成本管理的概念及其主要包括的阶段。
5. 在工艺数据清洗过程中，为什么需要对工艺信息进行规范化和标准化？

科学家科学史

"两弹一星"功勋科学家：钱学森

参 考 文 献

[1] 吴小节，马美婷，汪秀琼. 智能制造研究述评 [J]. 研究与发展管理，2023, 35 (6)：32-45.

[2] 吴卫国. 新能源汽车智能制造技术的发展与应用 [J]. 重型汽车，2024 (2)：43-44.

[3] 柴虎，李启锋，代涛，等. 数字化工厂与工业互联网的协同创新模式探析 [J]. 现代工业经济和信息化，2023, 13 (11)：325-326；329.

[4] 骆海艳，李林. 基于物联网技术的数字化工厂应用研究 [J]. 科技资讯，2024, 22 (2)：57-59.

[5] 张善翔，胡力宏，周巍，等. 5G+数字孪生在数字化工厂中的应用 [J]. 通信与信息技术，2023 (4)：24-26；117.

[6] 周鑫，张森堂，高阳. 数字化工厂3D布局规划与仿真技术实践 [J]. 航空动力，2021 (1)：66-68.

[7] 李国红，刘忠庆，岳红印. 数字化工厂工艺规划系统的研究与分析 [J]. 化工管理，2016 (4)：96；173.

[8] 王莹，张浩，马玉敏. 数字化工厂工艺规划系统的研究与开发 [J]. 组合机床与自动化加工技术，2005 (9)：88-89.

[9] 何天豪，段旭洋，王皓. 基于深度学习的大空间多视角物料追踪系统 [J]. 机械设计与研究，2022, 38 (2)：48-55.

[10] 李金华. 中国绿色制造、智能制造发展现状与未来路径 [J]. 经济与管理研究，2022, 43 (6)：3-12.

[11] ALDO S, CHRISTOPHER S, WIEBKE R, et al. Exploring the dynamic capabilities of technology provider ecosystems：A study of smart manufacturing projects [J]. Technovation, 2024, 130：102925.

[12] 姚锡凡，景轩，张剑铭，等. 走向新工业革命的智能制造 [J]. 计算机集成制造系统，2020, 26 (9)：2299-2320.

[13] 李清，唐骞璘，陈耀棠，等. 智能制造体系架构、参考模型与标准化框架研究 [J]. 计算机集成制造系统，2018, 24 (3)：539-549.

[14] 张兆坤，邵珠峰，王立平，等. 数字化车间信息模型及其建模与标准化 [J]. 清华大学学报（自然科学版），2017, 57 (2)：128-133；140.

[15] RUIZ S C J, MULA J, POLER R. Job shop smart manufacturing scheduling by deep reinforcement learning [J]. Journal of Industrial Information Integration, 2024, 38：100582.

[16] 王耀南，江一鸣，姜娇，等. 机器人感知与控制关键技术及其智能制造应用 [J]. 自动化学报，2023, 49 (3)：494-513.

[17] ION I, STAMATESCU G, DINU C. Intelligent Sensing and Motion Control in Robotic Manufacturing Systems [J]. Applied Mechanics and Materials, 2015, 3879 (762)：299-304.

[18] 王跃飞，王超，许于涛，等. 边-云协同下智能制造单元作业的数字孪生任务调度方法 [J]. 机械工程学报，2024, 60 (6)：137-152.

[19] MENUKA J, PROKOPI M. The IMS 2.0 Service Architecture [C] //The Second International Conference on Next Generation Mobile Applications, Services, and Technologies. Piscataway：IEEE Press, 2008：3-9.

[20] 张小云. IMS2.0业务架构研究 [J]. 科技创业月刊，2010, 23 (2)：139-141.

[21] OLAS G, SBATA K, NAJM E. WebSocket Enabler: achieving IMS and Web services end-to-end convergence [J]. ACM, 2011, 8: 1-3.

[22] BINOD P G, PARTHASARATHY R. Converged application framework for creating web 2.0-IMS mashups [C] //IEEE International Conference on Internet Multimedia Services Architecture & Applications. Piscataway: IEEE Press, 2009, 12: 345-350.

[23] BABA H, TAKAYA N, INOUE I, et al. Web-IMS Convergence Architecture and Prototype [C]. IEEE Global Telecommunications Conference GLOBECOM 2010. Piscataway: IEEE Press, 2010, 12: 1-5.

[24] ISLAM S. GREGOIRE J C. Converged access of IMS and web services: A virtual client model [J]. IEEE Network: The Magazine of Computer Communications, 2013, 27 (1): 37-44.

[25] 李晓涛. 基于开放源码实现紧凑式 IMS 系统 [D]. 北京: 北京邮电大学, 2024.

[26] 美国国家科学技术委员会. 美国《国家先进制造战略规划》[J]. 王巍, 刘雅轩, 李爽, 译. 中国集成电路, 2012, 21 (8): 26-30.

[27] 德国联邦教育研究部工业 4.0 工作组. 把握德国制造业的未来: 实施 "工业 4.0" 攻略的建议 [R]. 康金城, 译. 北京: 中国工程院咨询服务中心, 2013.

[28] The European Factories of the Future Research Association. Factories of the Future Public-Private Partnership Progress Monitoring Report for 2017 [R]. [S. l.]: EFFRA, 2018.

[29] 于志鹏. IVRA 工业价值链参考架构下的智能制造: 访工业价值链促进会 (IVI) 秘书长西冈靖之 [J]. 中国仪器仪表, 2019, 6: 40-41.

[30] Industrial Valuechain Initiative [EB/OL]. [2016-12-8]. https://iv-i.org/en/thinking/.

[31] 通用电气公司. 工业互联网: 突破智慧和机器的界限 [R]. 工业和信息化部国际经济技术合作中心, 译. 北京: 工业和信息化部国际经济技术合作中心, 2012.

[32] 吴澄, 李伯虎. 从计算机集成制造到现代集成制造: 兼谈中国 CIMS 系统论的特点 [J]. 计算机集成制造系统, 1998, 5: 1-5.

[33] 李伯虎, 吴澄, 刘飞, 等. 现代集成制造的发展与 863/CIMS 主题的实施策略 [J]. 计算机集成制造系统, 1998, 5: 7-15.

[34] Kagermann H, Helbig J, Hellinger A, et al. Recommendations for implementing the strategic initiative INDUSTRIE 4.0: Securing the future of German manufacturing industry; final report of the Industrie 4.0 Working Group [M]. [S. l.]: Forschungsunion Wirtschaft-Wissenschaft, 2013.

[35] BI Z, XU L D, WANG C. Internet of Things for Enterprise Systems of Modern Manufacturing [J]. IEEE Transactions on Industrial Informatics, 2014, 10 (2): 1537-1546.

[36] 吴华丽, 江亚男, 陈俊栋. 基于 PHM 技术的城市轨道交通钢轨智慧化运维系统框架设计 [J]. 智能建筑与智慧城市, 2021, 12: 152-154.

[37] 徐慧. 城市轨道交通智慧化运维系统设计框架研究 [J]. 百科论坛电子杂志, 2024, 4: 82-84.

[38] 董梁. 基于 OPC UA 的海上风电场远程集成监控系统设计 [D]. 南京: 南京理工大学, 2020.

[39] 赵晓梦. 航发叶片气膜孔电加工智能生产线控制系统研究 [D]. 无锡: 江南大学, 2023.

[40] 徐晓东, 赵立明, 李艳生, 等. 移动机器人导航与智能控制技术 [M]. 哈尔滨: 哈尔滨工业大学出版社, 2023.

[41] 张蕾. 无线传感器网络技术与应用 [M]. 2 版. 北京: 机械工业出版社, 2020.

［42］ 王慧. 基于复杂网络理论的无线传感器网络拓扑结构研究［D］. 重庆：重庆大学，2015.

［43］ 张志东. 无线传感器网络通信协议研究［D］. 天津：天津大学，2007.

［44］ 鄢遇祥. 无线传感器网络通信协议栈的研究与实现［D］. 成都：电子科技大学，2014.

［45］ 朱鑫. 交通目标检测中传感器数据采集容错控制方法研究［D］. 福建：福建工程学院，2022.

［46］ 徐国伟，赵永立，贾文军，等. 智能制造装备与集成［M］. 西安：西安电子科技大学出版社，2022.

［47］ 戴亚平，马俊杰，王笑涵. 多传感器数据智能融合理论与应用［M］. 北京：机械工业出版社，2021.

［48］ 田威，王钺. 复杂误差环境下的多传感器数据融合［M］. 北京：国防工业出版社，2023.

［49］ 钱晨. 工业互联网通信协议与安全策略研究［J］. 网络安全技术与应用，2023，12：9-11.

［50］ 李建忠，李慧超，高生虎. 基于无线传感器网络的远程监测与控制系统设计与实现［J］. 集成电路应用，2024，41（2）：280-281.

［51］ MOYNE J，ISKANDAR J. 智能制造的大数据分析［J］. 中国电子商情·基础电子，2020，101：57-58；60；62.